煤矿固定设备维修技术手册

王宏奇　王立强　编著

中国矿业大学出版社
·徐州·

内 容 提 要

全书共分为五大部分，主要包括设备日常维护检修方法、设备常见问题及处理方法、主要设备技术参数、设备完好标准等。第一大部分详细介绍了矿井提升系统、井下高压电系统、原煤线设备等的维护检修方法。第二大部分详细介绍了矿井提升系统、井上供电设备、污水处理站、主要通风机、矿灯房设备等的常见问题及处理方法。第三大部分详细介绍了矿井提升系统、井上供电设备、污水处理站、主要通风机等的主要设备技术参数。第四大部分详细介绍了矿井机械设备完好标准，矿井提升系统、井上供电设备、污水处理站、主要通风机等的设备完好标准。第五大部分详细介绍了机电设备包机制度、主井提升机安全保护试验制度、胶带保护试验制度等。

图书在版编目(CIP)数据

煤矿固定设备维修技术手册/王宏奇，王立强编著
.—徐州：中国矿业大学出版社，2021.8
ISBN 978-7-5646-5021-6

Ⅰ.①煤… Ⅱ.①王… ②王… Ⅲ.①固定式—煤矿设备—维修—技术手册 Ⅳ.①TD44-62

中国版本图书馆 CIP 数据核字(2021)第088476号

书　　名　煤矿固定设备维修技术手册
编　　著　王宏奇　王立强
责任编辑　于世连
出版发行　中国矿业大学出版社有限责任公司
　　　　　　(江苏省徐州市解放南路　邮编 221008)
营销热线　(0516)83885370　83884103
出版服务　(0516)83995789　83884920
网　　址　http://www.cumtp.com　**E-mail**:cumtpvip@cumtp.com
印　　刷　徐州中矿大印发科技有限公司
开　　本　787 mm×1092 mm　1/16　**印张** 19.5　**字数** 360 千字
版次印次　2021 年 8 月第 1 版　2021 年 8 月第 1 次印刷
定　　价　78.00 元

编审委员会

序　　言

近年来，随着矿井机电装备现代化进程的逐渐加快和机电管理工作的逐步深化，以实现安全、高效生产为目标，以提高煤矿固定设备检修质量为手段，严格落实设备的维修以及完好标准，推动煤矿机电整体管理工作向前发展。编写本手册的主要目的是为从事井下机电工作的工程技术人员及操作工人提供一本简明而实用的工具书。编写该手册时，力求在有限的篇幅内收录煤矿现用煤矿固定设备的技术参数、完好标准以及检修规范等。编写该手册时，注重收集了煤矿常用的采掘设备、运输设备、辅助设备以及电气设备的有关数据资料 。希望相关人员要认真学习、熟练掌握，在实际工作中严格运用并落实，进一步提高工作质量，使煤矿机电工作再上新台阶。

王崇林

目　录

第一篇　设备日常维护检修方法

1　矿井提升系统日常维护检修方法 …… 3
1.1　提升机日常维护检修方法 …… 3
1.2　主电机日常维护检修方法 …… 6
1.3　液压站日常维护检修方法 …… 11
1.4　减速机及润滑站维护检修方法 …… 12
1.5　主电机冷却风机维护检修方法 …… 13

2　井筒设施日常维护检修方法 …… 16
2.1　检修时间及内容 …… 16
2.2　检修作业流程 …… 17
2.3　检修维护 …… 18

3　井下高压供电系统设备日常维护检修方法 …… 33
3.1　检修总则 …… 33
3.2　高爆开关 …… 33
3.3　移动变压器 …… 36
3.4　各项试验及方法 …… 37
3.5　摇表使用方法 …… 45

4　矿灯房设备日常维护检修方法 …… 48
4.1　矿灯日常维护检修方法 …… 48
4.2　矿灯架日常维护检修方法 …… 49
4.3　自救器日常维护检修方法 …… 49

5 井上供电设备日常维护检修方法 …… 50
5.1 高压开关柜日常维护检修方法 …… 50
5.2 低压开关柜日常维护检修方法 …… 53
5.3 油浸式变压器日常维护检修方法 …… 54
5.4 高压开关柜试验 …… 55
5.5 低压开关柜试验 …… 59
5.6 油浸式变压器试验 …… 61

6 矿井主排水泵日常维护检修方法 …… 64
6.1 水泵日常维护检修方法 …… 64
6.2 管路日常维护检修方法 …… 66
6.3 硐室与设施日常维护检修方法 …… 67

7 原煤线设备日常维护检修方法 …… 68
7.1 带式输送机日常维护检修方法 …… 68
7.2 给煤机日常维护检修方法 …… 69
7.3 滚轴筛日常维护检修方法 …… 70
7.4 破碎机日常维护检修方法 …… 70
7.5 刮板输送机日常维护检修方法 …… 71

8 污水处理站设备日常检修维护方法 …… 73
8.1 潜水排污泵日常维护检修方法 …… 73
8.2 立式排污泵日常维护检修方法 …… 73
8.3 渣浆泵(压滤机入料泵)日常维护检修方法 …… 73
8.4 絮凝剂加药箱日常维护检修方法 …… 74
8.5 压滤机日常维护检修方法 …… 74
8.6 刮泥机日常维护检修方法 …… 74
8.7 电磁流量计、电动蝶阀日常维护检修方法 …… 75
8.8 机械格栅日常维护检修方法 …… 75
8.9 罗茨鼓风机日常维护检修方法 …… 75
8.10 污水处理站日常巡检 …… 76

9 主要通风机日常维护检修方法 …… 78
9.1 正常运转时主要通风机维护检修 …… 78
9.2 正常停机时主要通风机维护检修 …… 79
9.3 试运转前主要通风机检查与维护 …… 80
9.4 主要通风机各项试验及规定 …… 81

10 空气压缩机日常维护检修方法 …… 82
10.1 日常检查 …… 82
10.2 维护与检修 …… 82

第二篇 设备常见问题及处理方法

1 矿井提升系统常见问题及处理方法 …… 87
1.1 电气部分 …… 87
1.2 机械部分 …… 100

2 井筒维修常见问题及处理方法 …… 106
2.1 副井操车系统突然停电应急措施 …… 106
2.2 副井事故时井筒内撤人安全措施 …… 107

3 井下高压供电系统设备常见问题及处理方法 …… 109
3.1 高爆开关常见问题及处理方法 …… 109
3.2 移动变压器常见问题及处理方法 …… 111
3.3 井下接地故障处理方法 …… 114

4 矿灯房设备常见问题及处理方法 …… 115
4.1 CJT96WZ(A)型充电架常见问题及处理方法 …… 115
4.2 KJ5LM(A1)镍氢矿灯常见问题及处理方法 …… 117

5 井上供电设备常见问题及处理方法 …… 119
5.1 一般性故障及处理方法 …… 119
5.2 事故紧急处理方法汇总 …… 125

6 矿井主排水泵常见问题及处理方法 …… 127
6.1 多级离心泵常见问题及处理方法 …… 127
6.2 管路常见问题及处理方法 …… 129

7 原煤线设备常见问题及处理方法 …… 130
7.1 带式输送机常见故障及处理 …… 130
7.2 刮板输送机常见故障及处理 …… 130
7.3 破碎机常见故障及处理 …… 130
7.4 给煤机常见故障及处理 …… 131
7.5 滚轴筛常见故障及处理 …… 132
7.6 刮板输送机常见故障及处理 …… 133

8 污水处理站常见问题及处理方法 …… 135
8.1 立式排污泵不吸水 …… 135
8.2 立式排污泵不出水但压力表有压力 …… 135
8.3 立式排污泵达不到设计流量及扬程 …… 136
8.4 加药箱不供药 …… 136
8.5 板框压滤机常见故障及处理方法 …… 136
8.6 电动蝶阀常见问题及处理方法 …… 137
8.7 电磁流量计问题及解决方法 …… 138
8.8 刮泥机常见问题及解决方法 …… 141
8.9 罗茨风机常见故障原因及解决方案 …… 142

9 主要通风机常见问题及处理方法 …… 145
9.1 机械故障 …… 145
9.2 电气系统故障 …… 146

10 压风机常见问题及处理方法 …… 149
10.1 压缩机机头出口温度或排气温度高 …… 149
10.2 输出排气压力过低 …… 150
10.3 输出排气压力过高 …… 150
10.4 卸负载频繁 …… 150
10.5 压缩机组加载后一直不卸载 …… 151

10.6　油耗过大或排出压缩空气含有油分…… 151
10.7　输出的压缩空气含水分重…… 151
10.8　压缩机组故障,轴承损坏或主机头转子故障…… 152
10.9　压缩机组振动大…… 152

第三篇　主要设备技术参数

1　矿井提升系统主要设备技术参数 …… 155
1.1　主井提升系统 …… 155
1.2　副井提升系统 …… 158

2　井筒主要设备技术参数 …… 162
2.1　副井提升钢丝绳(英国) …… 162
2.2　主井提升钢丝绳(南非) …… 162
2.3　平衡尾绳 …… 162
2.4　罐笼 …… 162
2.5　箕斗 …… 163
2.6　缓冲托罐装数 …… 163
2.7　电动转盘 …… 163
2.8　爬车机 …… 163
2.9　600 轨距 1 t 矿车爬车机…… 164
2.10　液力耦合器…… 164
2.11　带式输送机…… 164
2.12　自流往复式给料机…… 164

3　井下高压供电系统主要设备技术参数 …… 166
3.1　高爆开关 …… 166
3.2　移动变压器 …… 168

4　矿灯房主要设备技术参数 …… 174
4.1　CTJ96WZ(A)型充电架 …… 174
4.2　KJ5LM(A1)型镍氢矿灯 …… 174
4.3　KL2LM(B)型矿灯 …… 175

4.4 ZH30(G)隔绝式化学氧自救器 …… 175

5 井上变电所主要设备技术参数 …… 176
5.1 高压开关柜 …… 176
5.2 低压开关柜 …… 176
5.3 变压器 …… 177
5.4 气体继电器(主变) …… 177
5.5 压力释放阀(主变) …… 177
5.6 指针式油位表 …… 177
5.7 有载分接开关 …… 178
5.8 气体继电器 …… 178
5.9 压力释放阀(有载调压) …… 178
5.10 自动调压系统 …… 179

6 矿井主排水泵及其配套设备技术参数 …… 180
6.1 —760 中央水泵房主要设备参数 …… 180
6.2 —980 水平水泵房主要设备参数 …… 181

7 原煤线主要设备技术参数 …… 183
7.1 给煤机 …… 183
7.2 螺旋分级筛 …… 184
7.3 破碎机 …… 184
7.4 手选胶带 …… 185
7.5 主运胶带 …… 186
7.6 上仓胶带 …… 187
7.7 块煤胶带 …… 187
7.8 矸石胶带 …… 188
7.9 XWG-10 型刮板输送机 …… 189
7.10 XWG-12 型刮板输送机 …… 189

8 污水处理站主要设备技术参数 …… 191
8.1 电磁流量计 …… 191
8.2 FB2E-N150 型电动蝶阀 …… 191

8.3　FB2E-N300 型电动蝶阀 …… 192
8.4　矿井水加药泵 …… 192
8.5　矿井水排泥泵 …… 192
8.6　矿井水提升泵 …… 193
8.7　罗茨鼓风机 …… 193
8.8　生活污水提升泵 …… 194
8.9　矿井水压滤机入料泵 …… 194
8.10　进、出水采样泵 …… 195
8.11　渣浆泵 …… 195
8.12　压滤机 …… 195
8.13　煤矿用清仓机 …… 195
8.14　生活水排泥泵 …… 196
8.15　防洪泵 …… 196
8.16　生活水压滤机离心式泥浆泵 …… 196

9　主要通风机设备技术参数 …… 198
9.1　轴流式通风机 …… 198
9.2　电动机 …… 198
9.3　高压柜 …… 199
9.4　低压柜 …… 199
9.5　稀油站 …… 199
9.6　风门绞车 …… 199

10　压风机设备技术参数 …… 201
10.1　M250 型压风机 …… 201
10.2　M355-A8-2S 型压风机 …… 201
10.3　MH160-A8 型压风机 …… 202
10.4　L250 型压风机 …… 202
10.5　高压柜 …… 202
10.6　低压柜 …… 203
10.7　风包 …… 203
10.8　安全阀 …… 203

第四篇　设备完好标准

1　矿井机械设备完好标准 …… 207
1.1　紧固件 …… 207
1.2　键和键槽 …… 207
1.3　轴和轴承 …… 208
1.4　滑动轴承 …… 208
1.5　滚动轴承 …… 209
1.6　联轴器 …… 211

2　矿井提升系统设备完好技术标准 …… 213
2.1　主轴装置 …… 213
2.2　滚筒 …… 213
2.3　制动系统 …… 213
2.4　保护装置 …… 214
2.5　仪表 …… 214
2.6　直流电动机 …… 215
2.7　润滑系统 …… 215
2.8　冷却风机 …… 215
2.9　信号系统 …… 215
2.10　变压器 …… 216
2.11　电抗器 …… 216
2.12　快开 …… 216

3　井筒、装载、操车等设备完好技术标准 …… 217
3.1　主井井筒 …… 217
3.2　副井井筒 …… 219

4　井下高压供电系统设备完好标准 …… 222
4.1　通用部分 …… 222
4.2　移动变电站 …… 227
4.3　隔爆开关 …… 228

4.4　电缆 …… 228

5　矿灯房设备完好标准 …… 230

6　井上高压供电系统设备完好标准 …… 232

6.1　高压开关柜 …… 232

6.2　低压开关柜 …… 233

6.3　主变压器 …… 235

7　矿井主排水泵及其配套设备完好标准 …… 237

7.1　零、部件 …… 237

7.2　运行性能 …… 237

7.3　技术资料 …… 237

7.4　设备及环境 …… 238

7.5　密封 …… 238

7.6　阀门 …… 238

7.7　管路 …… 239

8　原煤线设备完好标准 …… 241

8.1　给煤机 …… 241

8.2　螺旋分级筛 …… 241

8.3　220B 带式输送机 …… 242

8.4　220A 带式输送机 …… 242

8.5　203 带式输送机 …… 242

8.6　206 带式输送机 …… 243

8.7　207 带式输送机 …… 243

8.8　208 带式输送机 …… 243

8.9　221、222、223、224 刮板输送机 …… 244

8.10　205 破碎机 …… 244

9　污水处理站设备完好标准 …… 245

9.1　固定电气设备 …… 245

9.2　水泵 …… 245

9.3 絮凝剂加药箱 …… 245
9.4 压滤机 …… 246
9.5 刮泥机 …… 247
9.6 电磁流量计、电动蝶阀 …… 247
9.7 机械格栅机 …… 248
9.8 罗茨鼓风机 …… 248

10 主要通风机完好标准 …… 249
10.1 规程要求 …… 249
10.2 标准化要求 …… 250
10.3 完好标准 …… 250

11 压风机完好标准 …… 254
11.1 规程要求 …… 254
11.2 标准化要求 …… 254
11.3 完好标准 …… 255

第五篇 管理制度

1 机电设备包机制度 …… 259

2 重要机械设备检修制度(小修、大修制度) …… 260

3 重要机械设备定期检修制度 …… 261

4 主、副井钢丝绳专门检查制度 …… 263

5 钢丝绳检查制度 …… 264

6 主(副)井提升系统日检、周检、月检制度 …… 265

7 主井提升机安全保护试验制度 …… 266

8　副井提升机安全保护试验制度 …………………………………………… 267

9　主、副井提升机油脂管理制度…………………………………………… 268

10　起重机械设备安全管理制度…………………………………………… 269

11　主通风机风叶调整及定期倒机制度…………………………………… 270

12　主要通风机保护试验制度……………………………………………… 271

13　主要通风机设备维修制度……………………………………………… 272

14　主要通风机设备维修制度……………………………………………… 273

15　主要通风机、压风机油脂管理制度 …………………………………… 274

16　压风机及压力容器保护试验制度……………………………………… 275

17　压风机设备检修制度…………………………………………………… 276

18　电气设备定期检修制度………………………………………………… 277

19　电气试验制度…………………………………………………………… 278

20　工作票、操作票制度 …………………………………………………… 279

21　主排水泵维护检修制度………………………………………………… 281

22　胶带保护试验制度……………………………………………………… 282

23　主提升机司机巡回检查制度…………………………………………… 283

24　井下泵房巡回检查制度………………………………………………… 284

25 压风机司机巡回检查制度…………………………………………… 285

26 主要通风机司机巡回检查制度……………………………………… 286

27 **35** kV 变电所巡回检查制度……………………………………… 287

28 井下中央变电所巡回检查制度……………………………………… 289

29 无人值守采区变电所巡回检查制度………………………………… 290

30 有人值守采区变电所巡回检查制度………………………………… 291

31 污水处理站巡回检查制度…………………………………………… 292

32 原煤线设备巡回检查制度…………………………………………… 294

第一篇　设备日常维护检修方法

1　矿井提升系统日常维护检修方法

矿井提升系统有矿井咽喉之称。提升设备及其附属设备的运行状态决定了提升系统能否安全运行，而提升设备运行状态好坏又取决于提升设备的检修质量。为保证检修质量，就需要正确、规范的检修方法。本部分对矿井提升系统的维护检修方法做出介绍。

1.1　提升机日常维护检修方法

1.1.1　日常检修内容

（1）每季度紧固主轴连接螺栓。

（2）每年更换主轴承润滑脂。

（3）更换盘形制动器密封圈。

（4）更换盘形制动器碟形弹簧。

1.1.2　维护检修方法

1.1.2.1　紧固主轴连接螺栓

将扭矩扳手力矩设定值调整到 1 140 N·m，按对称位置（见图 1-1-1）依次拧紧螺母，把互成 90°的四排螺栓作为一组。图 1-1 中的号码即为螺母拧紧顺序。高强度螺栓在拧紧过程中不能随意反复松开和扭紧。

1.1.2.2　更换主轴承润滑脂

1.1.2.2.1　检修准备工作

（1）检修前做好一切准备工作。工具、量具、材料要备齐。比如，油脂、扳手、破布、塑料布、煤油、铁丝等要备齐。

（2）停主控电源。停电时要按照可编程逻辑控制器、不间断电源、机电柜后各空气开关的顺序进行。

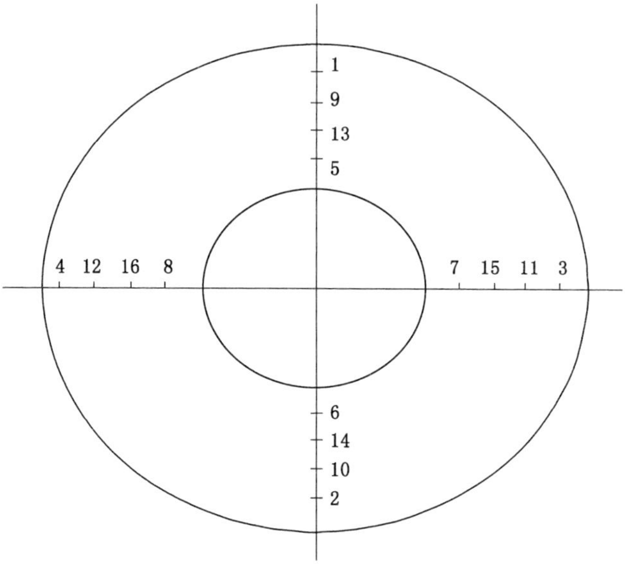

图 1-1-1 主轴连接螺栓紧固顺序图

1.1.2.2.2 检修步骤

(1) 拆除与主轴连接的轴编码器。先用白布包裹轴编码器,然后把其放置在安全位置,以防其损坏。

(2) 拆除油封挡板,并抽出油封。

(3) 卸轴承端盖紧固螺栓,将轴承端盖用双股 8 号铁丝连接好,并利用起重机依次将端盖上半部分和下半部分吊放至预先安排位置。将起吊铁丝挂在起重机的吊钩上前,必须保证留有两根固定螺栓;待将轴承端盖用铁丝连接好并挂在天车的吊钩上后,方可取下剩余的固定螺栓。取下轴承端盖时,必须十分小心,不得碰坏主轴装置下面的液压油管路。

(4) 清理轴承端盖内油脂。

(5) 把轴承内旧油脂取出,用白布将轴承腔内剩余残油沾出,并注意保持轴承加油前的清洁。

(6) 测量轴承游隙,检查珠粒、轴承内、外滑道有无异常情况。

(7) 往轴承内加注油脂。加注油脂时,尽量往轴承内侧挤压涂抹油脂。应从一侧向另一侧涂抹油脂,直至油脂从另一侧被挤出。

(8) 检修工作完成后,装配主轴承元件。其装配顺序与拆卸顺序相反。

(9) 施工完毕后清理现场,并检查主轴装置有无异常情况。

（10）确认主轴装置无异常情况后，可进行主轴承试运转。依次按照 2 m/s、5 m/s 的速度进行试车，一切正常后方可将其投入正常运行。

（11）认真填写检修记录。

1.1.2.3　更换盘形制动器密封圈

1.1.2.3.1　施工准备工作

（1）准备好盘形制动器检修所用的工具、材料（包括专用扳手、内六方扳手、扭矩扳手、密封圈、塑料布、白布、煤油、大盆、涨簧钳、装配圆锥等）。

（2）检修前将提升容器停在井筒中间位置。

1.1.2.3.2　施工步骤

（1）在对其中一对制动器进行检修时，将剩余三组闸的截止阀关闭。

（2）将主控柜内调闸旋钮置于“调闸”位置。

（3）拆除闸间隙传感器，防止在拆卸制动器过程中损坏传感器。

（4）拆掉制动器调整螺母的顶丝，利用专用扳手逆时针旋转调整螺母，直到闸瓦与制动盘的间隙大于零。如果遇到扳手拧不动调整螺母的情况，就由司机按下操作台上“调闸”按钮，然后来回推动制动手柄控制液压站的压力，同时由检修人员用专用扳手旋转调整螺母。调整螺母时应使两侧闸同步，不能出现一侧接触闸盘而另一侧不接触闸盘的现象。当操作完成后应使提升机控制电源处于断电状态。

（5）用内六方扳手松掉油缸端盖的螺栓后拆除上方进油管和下放漏油管，拆掉油缸端盖螺栓及油缸盖。卸掉端盖后应区分油缸的进油口与出油口，防止将其装反。

（6）用扭矩扳手松掉连接螺栓后，手动完全旋出调整螺母。

（7）一人扶住油缸及缸体，另一人拿下旋转螺栓，拆下所有液压组件。两人应协同作业，防止油缸掉落。

（8）拆掉活塞。

（9）用涨簧钳拆掉卡簧后拆除骨架油封及密封圈。

（10）用煤油清洗缸体、活塞及其组件后用白布将其擦拭干净。

（11）按拆卸步骤的逆顺序安装碟形弹簧和清洗好的盘形闸。在拧紧连接螺栓前，应提前调整好扭矩扳手的扭矩为 1 340 N·m。

（12）安装完成后，合液压站油泵，在残压状态下对制动器放气。

（13）由司机按下操作台上“调闸”按钮，然后推动制动手柄控制液压站的压力，对闸间隙进行调整。当液压站的压力为工作压力时，确保闸间隙处于 1.0～1.5 mm 之间（制动器的检修应逐对进行）。

(14) 一切正常后,清理现场,送电试运行。

(15) 做好检修记录。

1.1.2.4 更换盘形制动器碟形弹簧

1.1.2.4.1 施工准备工作

(1) 准备好制动器检修所用的工具、材料(包括专用扳手、内六方扳手、扭矩扳手、密封圈、塑料布、白布、煤油、大盆、涨簧钳、碟簧、压簧工具等)。

(2) 检修前将提升容器停在井筒中间位置。

1.1.2.4.2 施工步骤

(1) 按照更换密封圈的方法拆除液压组件。

(2) 用压簧工具压在碟簧上,套上连接螺栓。用扭矩扳手旋紧连接螺栓,使碟簧离开卡簧,用涨簧钳从卡槽中取出弹簧卡圈。

(3) 取下连接螺栓及压簧工具。用工具取出碟簧。

(4) 碟形弹簧装配过程与上述过程相反。装配碟形弹簧时应注意其装配顺序,应为口对口、底对底。

1.2 主电机日常维护检修方法

1.2.1 日常检修内容

(1) 拆装转子。

(2) 主电机的日常维护及检查项目。

1.2.2 维护检修方法

1.2.2.1 拆装转子

1.2.2.1.1 施工准备工作

准备转子拆装的专用油泵、起吊梁、油泵组、起吊钢丝绳、液压油、扳手、塑料布等。

1.2.2.1.2 拆电机转子施工步骤

(1) 拿下液压盖,拆下衬套。

(2) 用起吊设备及工具把电机转子吊住(见图 1-1-2)。起吊转子时,起重机应由专职司机操作。起吊过程中,做好转子的保护工作,防止转子发生磕碰。

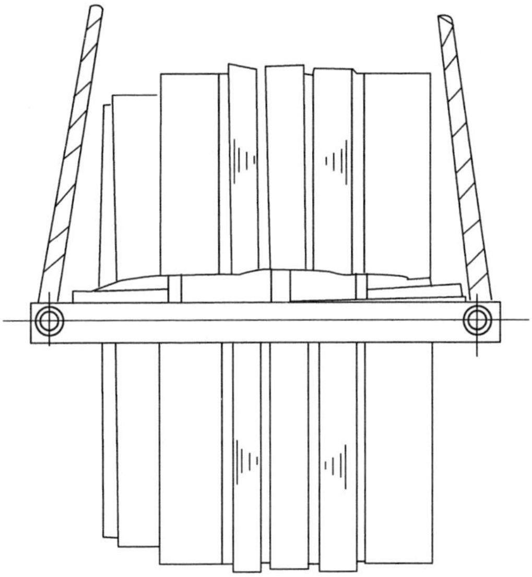

图 1-1-2　电机转子吊装示意图

(3) 按照图 1-1-3 所示方法接管 1，只接油泵 A，不接油泵 B。

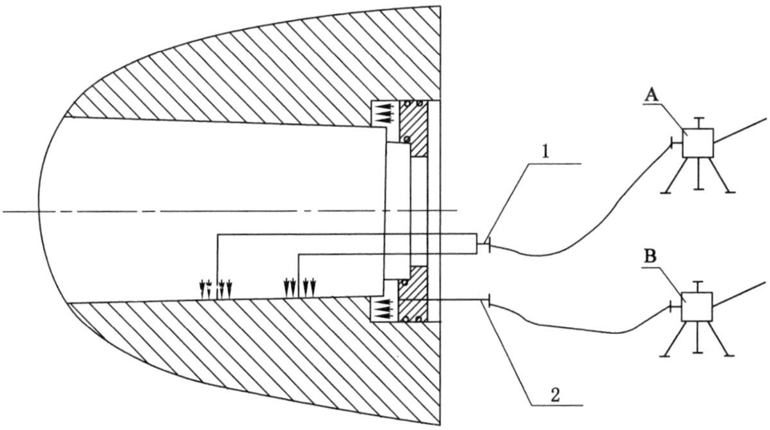

1—三通接管；2—二通接管；A，B—油泵。

图 1-1-3　主轴与轴泵连接示意图

(4) 用油泵 A 向轴上两孔充油，渐渐加大油压直到轮毂与轴间接触表面形成油膜为止。

(5) 将放气孔上的螺栓拧开，在轴上形成的空腔中的油缓缓溢出后加大油压。当油压加到锥面轴向分力足以克服摩擦力时，电机转子就会沿液压盖方向移动，自动退下。

(6) 一般油压值取装配油压值的 1.25～1.5 倍。如果电机转子仍拆不下来，可以考虑加用千斤顶等辅助工具以增大轴向推力，再适当加大拆卸油压值。在拆卸电机转子时，油泵的油压不能无限制增加，拆卸的最大油压应在转子轮毂所允许的范围内。

在进行打压时，应做好下半部分的保护措施，防止液压油泄漏。

1.2.2.1.3　装电机转子施工步骤

(1) 用起重机将电机转子吊起，放到主轴轴端上就位(见图 1-1-3)。转子起吊时必须使用专用的起吊工具

(2) 在主轴端部的液压盖上放上密封圈(见图 1-1-4 中的序号 1、8O 形圈)。

(3) 将放气螺钉拧入端盖上 M10×1 的落空内。

(4) 利用安装杆将液压盖装到轴端。注意：放气螺钉一定要放在上部位置。

(5) 装上螺栓、垫圈，拧紧螺栓。

(6) 连接油泵，如图 1-1-3 所示。用随机备用的专用工具，三通接管将轴头上面两个 M18×1.5 的孔与油泵 A 相连接(通过这两个孔可使压力油沿轴向油路，再经径向油路到达锥孔与锥轴的配合面)；用随机备有的专用工具，二通接管使端盖上的孔和另一台油泵 B 相连接。压力油可以到达电机转子和液压盖在轴上形成的空腔，在拧入三通、二通接管时一定要加紫铜垫。

(7) 向两台油泵充油，油泵 B 给转子轴向推力，油泵 A 给转子径向膨胀力并在转子与主轴的接触面形成油膜。

(8) 使吊装转子的吊装绳受力(只承担一部分自重)。水平力使转子尽可能靠近主轴，然后用油泵 B 向电机转子和液压盖在主轴上形成的空腔内充油，空气由放气螺钉排出。放气方法：用油泵 B 缓缓充油，将放气螺钉拧松，有气和油的混合物溢出；直到溢出物没有气泡，全部是油时，将放气螺钉和紫铜垫拧紧。

(9) 用油泵 B 稍给油压，使转子轮毂确实与主轴紧密接触，然后做出转子在轴向的初始位置标记，并按给定的推进距离(推进量为 16.26 mm)做出需

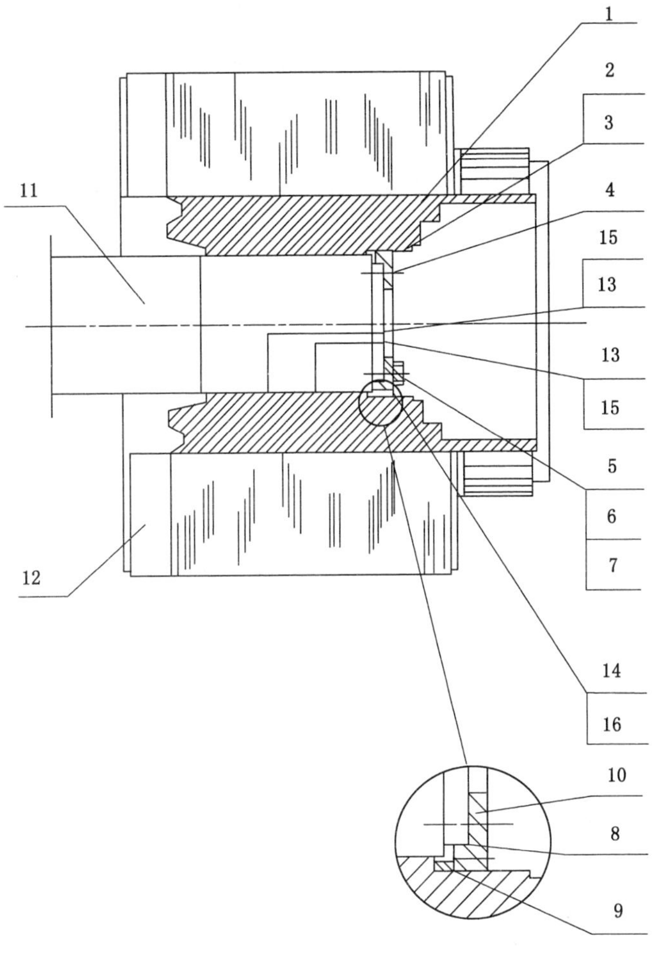

1,8—O 形圈;2—放气螺钉;3,13,13—螺塞;4—安装杆;5—螺栓;6—垫圈;7—锁紧垫圈;
9—衬套;10—液压盖;11—主轴;12—电机转子;15—三通接管;16—二通接管。

图 1-1-4　电机主轴装配图(局部)

要推进的重点位置标记,同时用百分表或深度尺测量转子的轴向推进量。

(10) 用油泵 B 将油压增至 10 MPa 左右(给轴向推力),同时用油泵 A 向轴端两个螺孔 M18×1.5 充油(使转子轮毂扩张,并在转子和轴接触面间形成油膜)。两台油泵必须同时工作,慢慢增大油压,油泵 B 的最大设计油压(推力油压)50 MPa,油泵 A 的最大设计油压(扩张油压)60 MPa。当电机转子向轴的端面大端推进时,油泵 B 油压经常会出现波动现象,转子有时会跳跃式推进并有时伴随着响声,这属于正常现象。

(11) 电机转子推进到轴向所需位置后,油泵 A 先释放油压,拆下油泵 A 的三通接管。油泵 B(推力油压)保压 10 min。

(12) 拆下油泵 B 的二通接管。

(13) 拧下螺栓、螺母,取下液压盖,拿掉液压盖上的 O 形密封圈。

(14) 装上衬套和液压盖。

1.2.2.2 电机的日常维护及检查项目

(1) 炭刷和刷盒上的碳粉等应吹净。

(2) 检查炭刷接触弧面是否有烧灼点,接触面是否均匀,如果有缺陷应加以研磨。

(3) 检查炭刷在刷盒内是否浮动灵活。当炭刷和刷盒之间的间隙过小或炭刷受力点的位置不对时,炭刷在刷盒内将卡死或滑动不灵活。

(4) 检查炭刷的磨损高度。当炭刷磨损到一定程度时,应予更换。有时出现炭刷磨损过快,其原因包括大气中含有研磨性灰尘,换向器表面粗糙或凸片,炭刷的电流密度过低,炭刷压力过大等。更换新的炭刷后,应重新研磨炭刷。炭刷研磨的正确方法如图 1-1-5 所示。

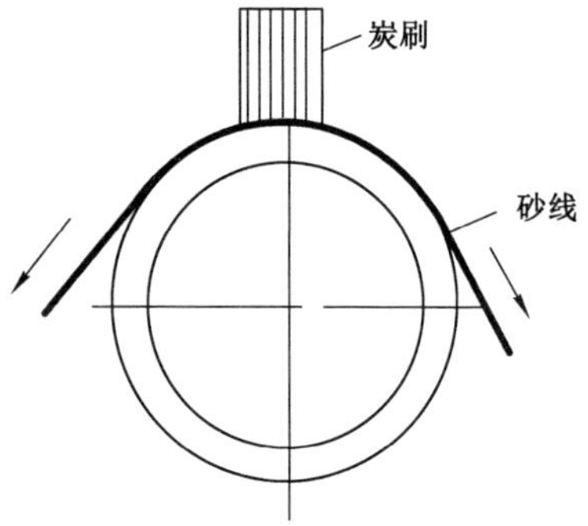

图 1-1-5 炭刷研磨示意图

(5) 检查刷辫的固定是否可靠。炭刷振动,刷辫加工质量不良或过热等将会导致刷辫脱落等情况。

(6) 检查炭刷有无碎裂。电机振动、换向器表面不平、换向片倒角不良、炭刷上的压力过大、炭刷过热等会导致炭刷的碎裂。

(7) 检查刷盒压脚和弹簧是否软化或断裂。炭刷的剧烈跳动或长期压脚导电会造成压脚或弹簧的软化或断裂。

1.3　液压站日常维护检修方法

1.3.1　检修内容

(1) 更换液压油。

(2) 检查液压站。

1.3.2　维护检修方法

1.3.2.1　液压站更换液压油

1.3.2.1.1　施工准备工作

(1) 将 46 号美孚液压油 832 L 提前准备到施工地点。

(2) 施工前应将所用的工具(如油盆、扳手、漏斗、油泵、空油桶)与和好的白面等准备齐全。所用工具器具必须用煤油清洗干净并用吹风机吹干，做到清洁、无杂物和灰尘。

(3) 所有参加施工人员严禁携带打火机或其他火种。

(4) 为确保更换的油质稳定合格，新油必须经过化验且合格，水分杂质不超标。

1.3.2.1.2　施工步骤

(1) 放旧油。利用自吸泵将油箱内的旧油抽入空桶内。当油箱内的旧油较少无法满足自吸泵工作条件时，通过油箱底部的放油孔将旧油放入油盆内，再将旧油倒入油桶内。

(2) 清洗油箱。油箱内的油基本流完后关闭放油孔，用白布清洗干净，不能在油箱内留下杂物纤维丝，最后利用和好的白面清理油箱底部。

(3) 清洁完后将放油孔盖好。新油注入油位计的上部水平，注满后把盖子上好，检查各部件是否安装到位。

1.3.2.2　液压站的检查

(1) 首先，合油泵，对盘形闸进行放气，将管子中的旧油和空气放完。然后，用白布将盘形闸擦拭干净。最后，检查液压站是否漏油。

(2) 检查各阀的动作情况。

(3) 清理施工现场，把工具、器具收拾齐全，把地面、油污擦洗干净。

(4) 检查项目完成后，必须进行开机试运转，待确认系统运行正常后才可正常开车。

1.4 减速机及润滑站维护检修方法

1.4.1 检修内容

(1) 更换润滑站润滑油。

(2) 清洗磁铁及滤芯。

(3) 检查减速机。

1.4.2 维护检修方法

1.4.2.1 施工准备工作

(1) 将220号中负荷齿轮油1 020 kg提前准备到施工地点。

(2) 施工前应将所用的工具(如空油桶、油盆、油管、油泵、白布、扳手)与和好的白面等准备齐全。

(3) 将所更换的油管阀门、阀件、密封圈等物提前准备到位。

(4) 为确保更换的油质稳定合格,新油必须经过化验且合格,水分杂质不超标。

(5) 所有参加施工人员严禁携带打火机和其他火种等。

1.4.2.2 施工步骤

(1) 放旧油。利用专用油泵将润滑站内的油抽入油桶内。待润滑站放油完毕后,打开减速机油箱底部放油孔,将剩余的旧油经放油孔、油管回收至空桶内。放旧油及回收旧油时应保持作业场所清洁。

(2) 拆箱。拆箱时应注意拆下的螺栓要集中收集。零部件要放置整齐,不能损伤机械设备的零部件(特别是油管阀门、阀件等)。

(3) 清洗油箱。油箱内的油基本流完后关闭放油孔。用白布清洗干净油箱,不能在油箱内留下杂物。利用和好的白面清理油箱底部。清洁完后将放油孔盖好。

(4) 用煤油清理各滤芯及回油口磁铁,并吹干。

(5) 检查减速机齿轮情况、啮合面情况。齿面应无麻坑或缺损情况。啮合位置要合理,无偏离或脱离。

(6) 检查放气阀。检查减速机顶部放气阀是否完好。

（7）组装。按照与拆卸相反的程序进行组装。组装后应确保减速机不漏油。接头或接触面应进行密封处理。恢复端盖前必须确保润滑站内无任何杂物（包括线头、工具等）。

（8）通过油泵加油时必须在油泵进油管口处加滤芯过滤。

（9）新油注入时应先打开润滑站放气阀，待两个润滑站加满油后关闭润滑站放气阀。当减速机内部油位到达观察孔中部时停止加油。恢复减速机观察孔盖。

（10）检查项目完成后，必须进行试机运转，待确认系统正常运行后才可正常开车。

1.5　主电机冷却风机维护检修方法

1.5.1　检修内容

（1）主井风机轴承箱换油及电机更换。

（2）副井风机轴承箱换油及电机更换。

1.5.2　维护检修方法

1.5.2.1　主井风机轴承箱换油及电机更换

1.5.2.1.1　施工准备工作

检修前做好一切准备工作。工量具、材料要备齐，如备齐扳手、油桶、白布、破布、青稞纸、撬棍、新油、手拉葫芦、塞尺、电机等。施工前统计所有工具数量。

1.5.2.1.2　施工步骤

（1）停液压泵、风机等；停低压柜风机并空开，挂"有人工作，禁止合闸"警示牌。

（2）将放油口螺栓拧开，通过放油口将旧油放至提前准备好的空油桶内。

（3）拆开对轮罩、两侧端盖并取出油封。

（4）拆掉轴承盖上温度表、轴承端盖及上盖固定螺栓。

（5）将上盖吊装至安全位置。

（6）用白布清洗轴承箱。轴承箱清洗完成后恢复放油口螺栓。

（7）在轴承箱内加入部分新油，但应保证其油位低于轴承位置。加油前应保证轴承箱内无线头等杂质。

(8) 依次恢复上盖、轴承端盖、油封、两侧端盖、温度表。对各部位螺栓紧固时,应按对角顺序紧固,保证其受力均匀。

(9) 通过上盖的加油孔注入新油至观察孔中间位置。

(10) 观察各部位是否有漏油现象。

(11) 拆除对轮销并妥善放置。

(12) 拆除电机固定螺栓及接线。利用手动葫芦将电机吊至地面。当电机接线拆除时应记清其接线顺序。

(13) 利用拔轮器将电机侧对轮拔下并装至更换电机上。

(14) 利用手动葫芦将电机吊至安装位置,并进行对轮找正、调整工作,使对轮达到相关标准(端面间隙为 2～8 mm,径向位移为 0.05 mm),固定电机。

(15) 安装对轮销及对轮罩。若对轮胶圈有变形破损严重的情况,应更换对轮胶圈。

(16) 按原接线顺序恢复电机接线。

(17) 盘车,检查系统转动是否灵活。

(18) 试车,系统无异常后清理现场。

1.5.2.2 副井风机轴承箱换油及电机更换

1.5.2.1.1 施工前准备

检修前做好一切准备工作。工量具、材料要备齐,如备齐扳手、油桶、白布、破布、青稞纸、撬棍、新油等。

1.5.2.1.2 施工步骤

(1) 停低压柜风机电机空气开关。

(2) 将放油口螺栓拧开,通过放油口将旧油放至提前准备好的空油桶内。

(3) 拆开两侧端盖并取出油封。

(4) 拆掉轴承端盖及上盖固定螺栓。

(5) 将上盖吊装至安全位置。

(6) 用白布清洗轴承箱。轴承箱清洗完成后恢复放油口螺栓。

(7) 在轴承箱内加入部分新油,但应保证其油位低于轴承位置。加油前应保证轴承箱内无线头等杂质。

(8) 依次恢复上盖、轴承端盖、油封、两侧端盖。对各部位螺栓紧固时,应按对角顺序紧固,保证其受力均匀。

(9) 通过上盖的加油孔注入新油至观察孔中间位置。

(10) 观察各部位是否有漏油现象。

(11) 拆除三角带保护罩及三角带。

(12) 利用拔轮器将电机端胶带轮拆下,并安装至备用电机。

(13) 拆除电机固定螺栓及接线,当电机接线拆除时应记清其接线顺序。

(14) 将更换下的电机转移到事先安排好的位置,并将新电机放置在底座上。

(15) 固定一个电机地脚螺栓,安装三角带。

(16) 通过电机调整螺栓调整胶带松紧度及与主轴箱主轴平行度,待调整完成后紧固地脚螺栓。

(17) 恢复电机接线及胶带保护罩。

(18) 盘车,检查系统转动是否灵活。

(19) 试车,系统无异常后清理现场。

2 井筒设施日常维护检修方法

2.1 检修时间及内容

井筒设施日常检修包括日检、周检和月检。

2.1.1 日检

(1) 参加人员:所有维修工及主管副科长。

(2) 时间:主井和副井的日检时间为 4 h。

(3) 内容:主井有滚动罐耳、辅助罐耳、主绳连接装置、箕斗、定量斗、组合罐道、曲轨、稳罐道、天轮装置、主提升钢丝绳;副井有滚动罐耳、辅助罐耳、主绳连接装置、罐笼、前后开闭器、安全门、摇台、组合罐道、四角罐道、天轮装置、主提升钢丝绳。

2.1.2 周检

(1) 参加人员:所有维修工、主管副科长、科长及机电副总工程师。

(2) 时间:主井和副井的周检时间为 4 h。

(3) 内容:主井除了日检内容外增加了井筒开关、尾绳连接装置、井筒钢梁、尾绳架、尾绳、主钢丝绳悬绳部分。副井除了日检内容外增加了井筒开关、尾绳连接装置、井筒钢梁、尾绳架、尾绳、主钢丝绳悬绳部分。

2.1.3 月检

(1) 参加人员:所有维修工、主管副科长、科长及机电副总工程师和机电矿长。

(2) 时间:主井和副井的月检时间为 5 h。

(3) 内容:主井除了日检、周检内容以外增加了梯子间、定重装载系统、防墩装置、防撞装置、井筒电缆、罐道间距、摩擦衬垫等。副井除了日检、周检内容以外增加了梯子间、防墩装置、防撞装置、井筒电缆、井筒管路、罐道间距、摩擦衬垫等。

2.2　检修作业流程

井筒设施日常检修作业流程见图 1-2-1。

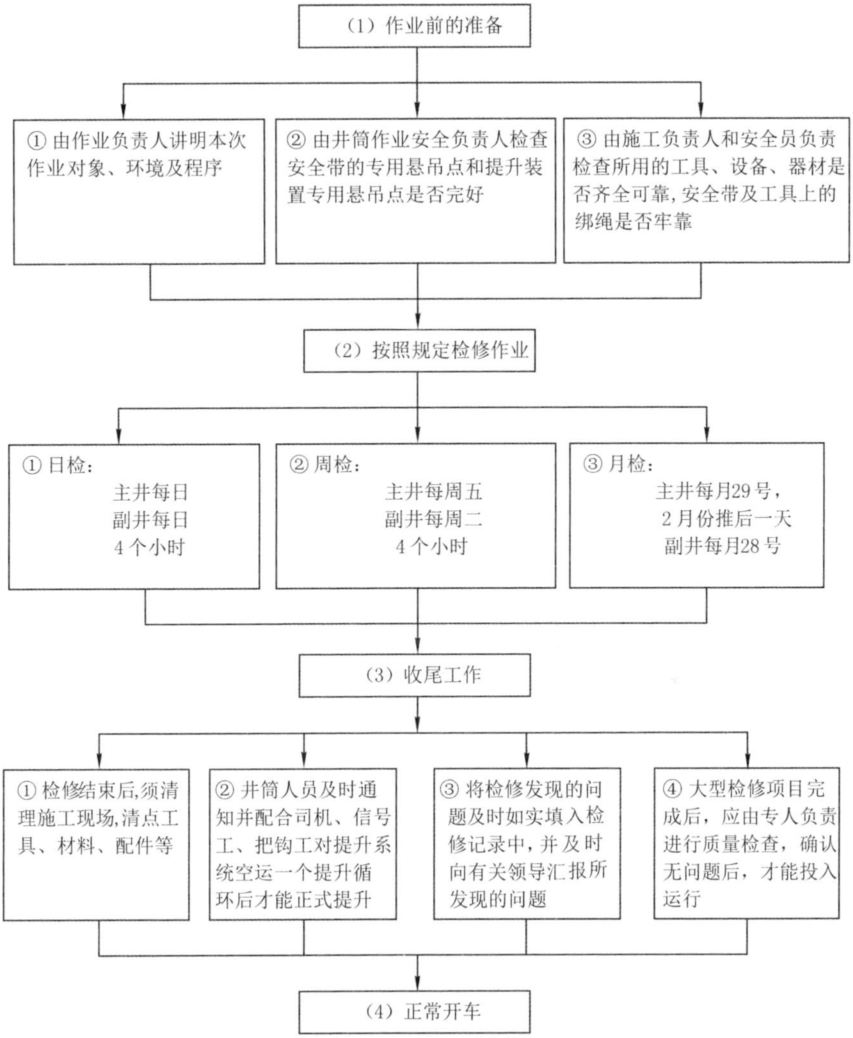

图 1-2-1　井筒设施日常检修作业流程

2.3 检修维护

2.3.1 主井、副井首绳、尾绳检修维护

2.3.1.1 首绳

(1) 准备使用的新钢丝绳必须送国家有资质部门进行检测。检测内容包括每小根钢丝绳的拉断、弯曲、扭转、破断力等。

(2) 钢丝绳使用年限不超过2年。若有特殊情况,根据《煤矿安全规程》规定钢丝绳可继续使用但不超过1年。

(3) 钢丝绳必须每天检测。利用手摸、眼看的方式检查钢丝绳断丝。副井钢丝绳一个捻距内断丝面积达到5%时,必须更换。主井钢丝绳一个捻距内断丝面积达到10%时,必须更换。每天利用宽口卡尺检测钢丝绳直径,其减小量达到本身的10%时,必须更换。钢丝绳在运行中遭受到猛烈拉力(急停)时,必须立即停车检查钢丝绳直径缩小程度,钢丝绳是否有变形,钢丝绳是否有断丝(其检查结果不得超过上述规定)。每日利用眼看的方式检查钢丝绳是否有变黑、锈皮、点蚀麻坑等损伤。

2.3.1.2 尾绳

(1) 准备使用的新钢丝绳必须有出厂检测合格证。

(2) 安装时把握好钢丝绳长度,其高度必须与提升容器过卷高度相适应。

(3) 钢丝绳使用年限不超过4年。若有特殊情况,根据《煤矿安全规程》规定钢丝绳可继续使用但不超过1年。

(4) 钢丝绳必须每周检测。钢丝绳一个捻距内断丝面积达到10%时,必须更换。每周检测钢丝绳宽度和厚度,其宽度和厚度减小量达到本身的10%时,必须更换。每周检查钢丝绳是否有变黑、锈皮、点蚀麻坑等损伤。

2.3.1.3 尾绳的更换(以副井扁尾绳的更换为例)

2.3.1.3.1 换绳准备工作

在施工前,必须把井口、井底周围及井筒中的杂物清理干净。将井底巷道与井筒搭接处的一些容易掉落的装置拆除。注意:如果更换主井的尾绳必须将浮煤、渣块清理干净,防止在干活期间浮煤、渣块掉落伤人。

由于尾绳绳盘直径过大,所以尾绳固定到普通车盘上不能装进罐笼,建议自制大直径绳盘运输车(如图1-2-2所示)运输尾绳。

运输时要注意罐笼的载重差。根据各矿的条件，选择配重的质量。例如，某矿载重差 4.62 t，尾绳加自制运输车 6.2 t，另一侧罐笼要增加最少1.58 t 配重。

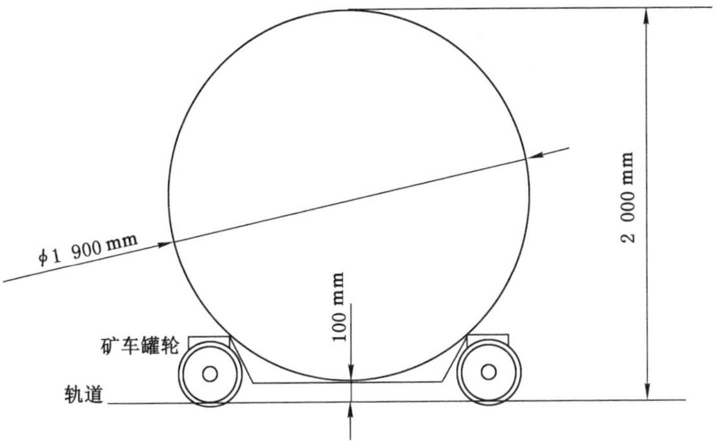

图 1-2-2　大直径绳盘运输车

选择好尾绳绳盘起吊处。在巷道顶部提前打设两根 ϕ24 mm 起吊锚杆。把新绳盘用两个 5 t 倒链起吊到绳盘支架上，吊挂、支撑要保证稳定、可靠。选择地点时要注意与井筒的距离，既不能碍事，又不能太远。

2.3.1.3.2　换绳步骤

① 下回大罐至井底平层位置。把气割工具搬运到大罐内。注意氧气瓶和乙炔瓶的固定位置，其距离尽量远。打开大罐天窗将割炬送出。人员应站在大罐顶部保护伞下实施气割操作。人员要穿戴好劳保用品及安全带。继续下回大罐到最大过放距离，利用气割割断小罐侧要更换的尾绳。

② 在用气割割断尾绳前必须由现场负责人确认小井底及井底安全后方可进行操作。

③ 割断尾绳后注意尾绳割断处的温度。利用水管将井筒尾绳割断处和小井底尾绳割断处绳头降温，用麻绳把井筒内尾绳头拖拽至井底平台上码放好。

④ 派专人到井底尾绳架处查看下落尾绳情况。若有缠绕立即进行处理；若无缠绕，查看人员通知现场负责人可以回收大罐下的旧绳。

⑤ 慢慢开动提升机上提大罐，下回小罐，回收小罐下的尾绳。此期间由

专人查看尾绳的上提情况，若有异常，立即通知井底信号工并立即停车。

⑥ 大罐提至平层位置后，卸下气割工具，继续上提大罐，直到大罐下被割断尾绳头与井底平台相平。

⑦ 用麻绳与大罐下旧尾绳头连接，并将大罐下回。人工把旧尾绳头向上码回收，直到大罐底部与井底平台相距 2 m 为止。此时小罐下的尾绳头跟随着罐笼的上提和下回，进、出于井筒。注意小罐出绳侧必须有专人回收和看管，以防止尾绳打圈和卡阻。

⑧ 用四根坚固架子板(尺寸约 300 mm 宽，50 mm 厚，长度依据情况而定)搭设"井"字形工作平台，注意架板与井筒钢梁，架板与架板之间要用铁丝固定牢固。

⑨ 在大罐下方的起吊点上用 2 t 手拉葫芦及直径 12.5 mm 及以上的钢丝绳套与尾绳最上方的固定块相连。用气割割断尾绳环上的旧尾绳，利用井底小绞车收至井底上码放好。注意小绞车的速度。

⑩ 准确测量拆掉的尾绳头长度(包括尾绳在绳环的折弯段)和小罐下尾绳头距井筒锁口(上码)的长度，并做好记录。此环节需特别注意，在最后计算尾绳长度的时候需要使用。

⑪ 为防止带新绳时尾绳扭转，在井底下用 ϕ12.5 mm 钢丝绳把制作好的专用托滚装置固定牢固，其高度距平台 1 m 左右。

⑫ 把新绳环绕过固定好的托滚装置(注意钢丝绳不能旋转)，将新绳与绳环相连，并固定牢固，记下此时钢丝绳的转向。

⑬ 拆掉大罐侧工作平台，开动提升机上提大罐，下放小罐。井底下码送新绳，上码回收旧绳。旧绳采用电机车托拽与人工盘绳相结合的方法进行回收(根据具体情况选取合适的长度及路线，每运行一次，把旧绳从井底位置割断)。回收的旧绳先放置到巷道的一侧。

⑭ 井底下码放新绳的速度以钢丝绳绳盘不受提升机的拉力为准。注意派专人看管新绳盘。设好专用的刹车装置。收旧绳的速度以井筒中的钢丝绳不受电机车拉力为准。电机车操作工一定要听从信号指挥，控制好速度。

⑮ 在带新绳收旧绳时，现场负责人要统一指挥，协调回收旧绳，送新绳。提升机以不超过 0.5 m/s 的速度把小罐下回至井底，直到小罐底部到达井底平层位置上 2 m 处。用与大罐侧搭设工作平台相同的方法搭设好工作平台。

⑯ 在小罐底部起吊孔处安装一个 3 t 滑轮，拆卸小罐下的旧绳头，把小罐下的尾绳回收完。

⑰ 计算、测量需要截断钢丝绳的长度(前面测量的数据相加，即为要留下

尾绳的长度)，也可以用 50 m 的钢卷尺直接测量小罐底部到井底的距离，再加上尾绳环预留的长度即可，按计算的数据截断新尾绳。

⑱ 为防止在连接小罐下尾绳头时方向接错，在尾绳的一侧(上面或下面)做 3～4 个记号，用绞车协助把新绳头从大罐侧下放到小井底。此环节下放新尾绳时要注意缓冲托罐装置，尾绳穿入大罐下方的缓冲托罐装置，下回新尾绳时要将尾绳折弯并将割断的绳头下回，利用小绞车和自制的专用滚轮工具或开口大于尾绳宽度的起吊环，始终保持在尾绳折弯处受力，使井筒侧的尾绳受力，慢慢放松小绞车绳，使割断的绳头自由下回，防止尾绳下窜。

⑲ 用井底下码小绞车的钢丝绳穿过小罐下之前挂好的滑轮，从小罐侧把新绳头下回至小井底，此环节注意小绞车绳头下回时要穿过小罐下的缓冲托罐装置，直至小井底。

⑳ 利用小绞车绳将大罐侧下回到小井底的新尾绳头，上提至小罐下方，仔细检查尾绳的方向，穿过尾绳环。将尾绳固定卡子安装好，确认连接可靠牢固，注意尾绳与绳环的连接必须紧固牢靠，严禁有拧劲现象，其每个绳头绳卡数量为 5 副，间距为 200～300 mm，连接处涂油防锈，固定和连接用的紧固件必须牢固可靠。

㉑ 回收工具、材料，把现场清理干净后，进行空、重载试运行，无问题后，可投入正常运行。

这个更换过程如图 1-2-3 至图 1-2-4 所示。

2.3.1.4 落地式多绳摩擦提升机(副井)更换主绳工艺

2.3.1.4.1 工艺介绍

采用一次更换两根，先收旧绳再安装新绳，四根绳分两次更换完成的方法。该方法快速简单，安全可靠，施工时间约需 20 h。

2.3.1.4.2 施工工艺的主要特点

(1) 四根钢丝绳之间(旧旧旧旧、新旧旧新、新新新新)始终被长板卡所卡进定位，各绳之间不会出现打绞现象。

(2) 天轮的绳槽中始终都是一根钢丝绳在运行，不会出现掉槽现象。

(3) 更换钢丝绳时采用先两边后中间的换绳顺序。

2.3.1.4.3 施工前的准备工作

(1) 施工前将井口及井架杂物彻底清扫干净，保持施工现场无杂物，以防施工中杂物落入井筒，出现意外。

(2) 在井口房北侧东西两个门口各放置一台收(旧)绳车和放(新)绳车。

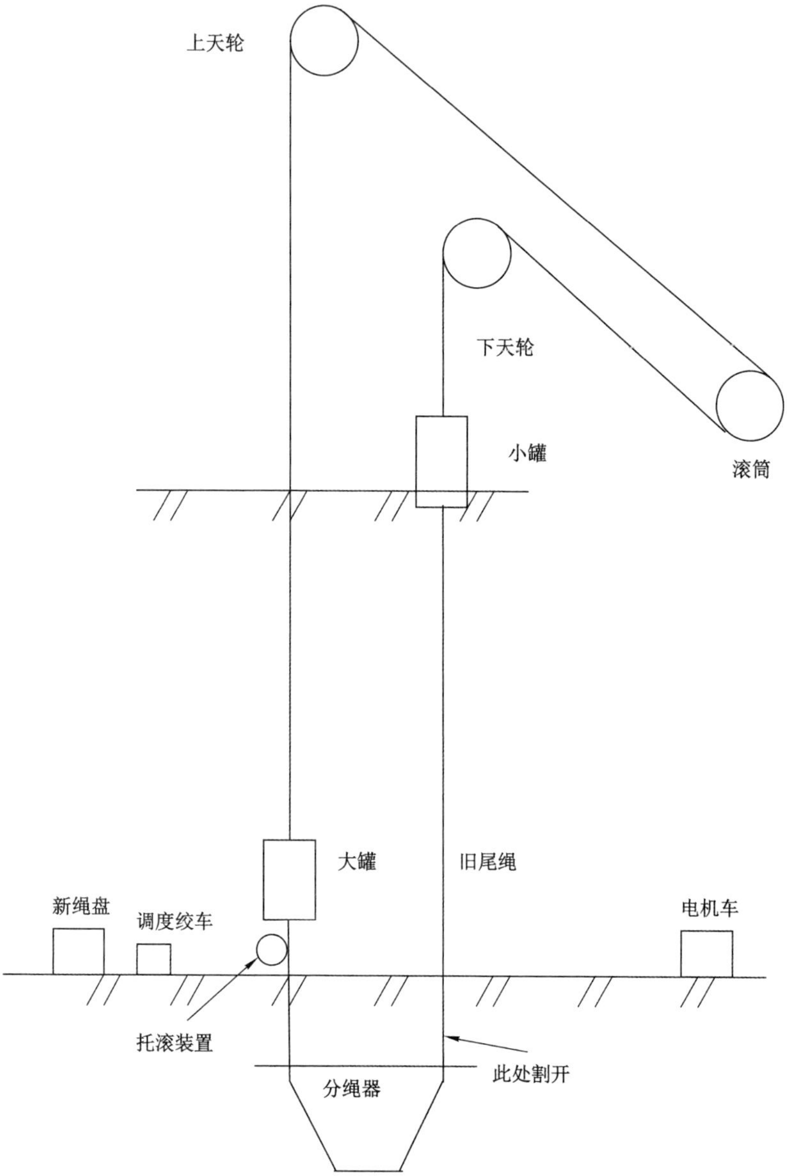

图 1-2-3　更换前

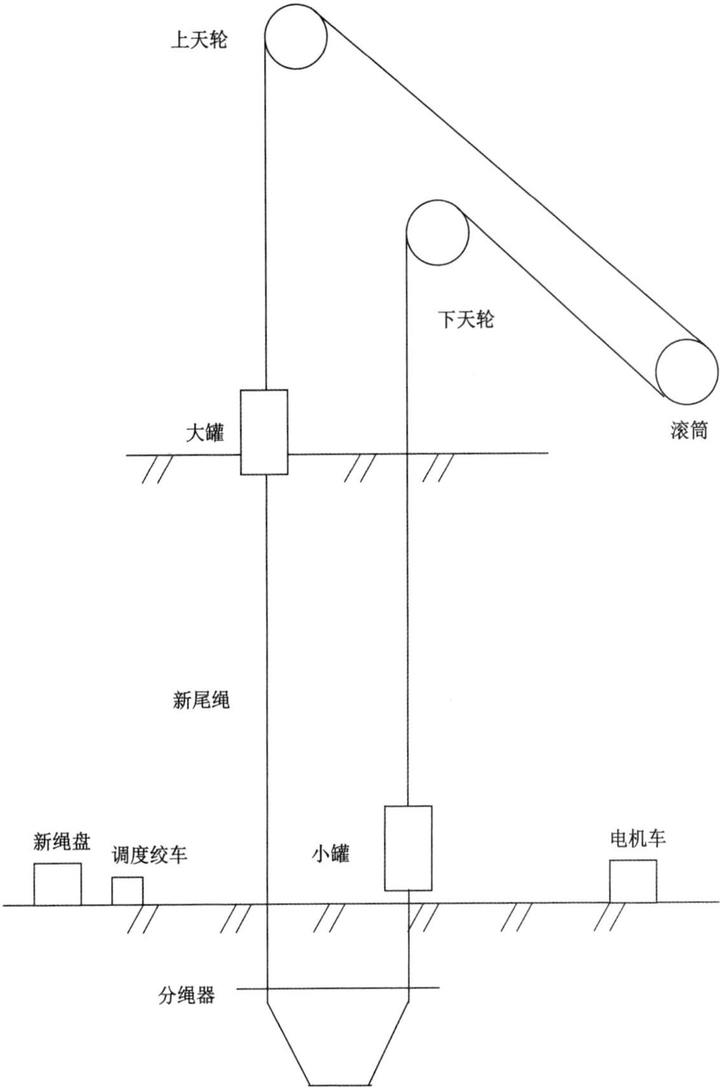

图 1-2-4　更换后

2.3.1.4.4 施工方法

(1) 将小罐开到井口,在井口搭建工作平台,平台以不影响钢丝绳运行为准,架板尽量密,开始下回小罐,每间隔 70 m 打紧一副长板卡,用长板卡将四根绳锁紧,直到大罐上升到井口位置,如图 1-2-5 所示。

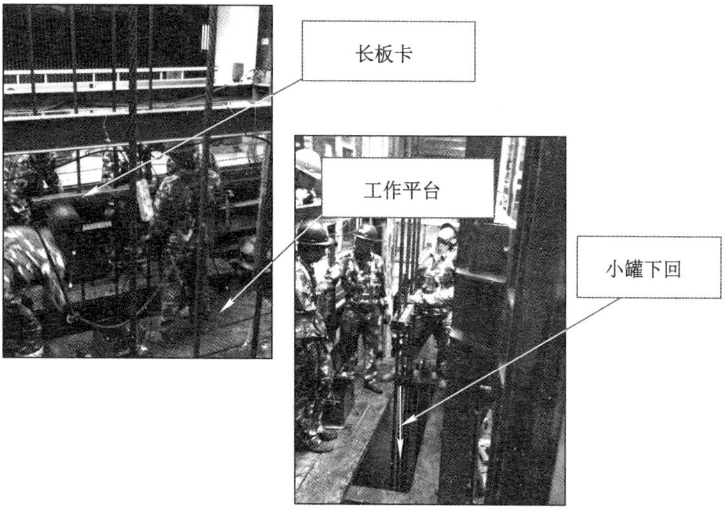

图 1-2-5　小罐下回

(2) 大罐到达井口后,将天轮大罐侧的四根钢丝绳用三道长板卡锁牢(如图 1-2-6 所示),将大罐 1 号、4 号钢丝绳从悬挂装置中抽出,与收(旧)绳车绳头连接锁牢,拆除天轮上三道长板卡,下回大罐开始收旧绳,并拆除小罐侧的长板卡,直到小罐到井口位置。

(3) 当小罐运行至井口位置后,天轮大、小罐两侧的钢丝绳分别用三道长板卡锁牢,将小罐 1 号、4 号钢丝绳从悬挂装置中抽出,待用。同时把新绳头从收旧绳的导向滑轮中以相反的方向穿入并用绳卡子打紧,截断旧绳与新绳连接处的旧绳,把被截断的两个旧绳头与刚拆下的小罐两个绳头相连,连接牢固后拆除天轮长板卡,下回小罐回收旧绳带新绳。此时新绳过天轮及滚筒,绞车房和天轮必须专人看护,直到新绳头被带到井口位置。

(4) 当新绳头被带到井口位置时,留出 3～5 m 的余量待与罐笼的悬挂装置相连,此时用 1 t 手拉葫芦协助把提升机滚筒 1 号、4 号绳槽内的两根新钢丝绳拽到滚筒压块上并保持新绳放松,并把小罐向上开至井口位置。(带新绳时注意提升机速度,一般在 0.1 m/s 以下,防止绳盘散架及绳头卡阻)

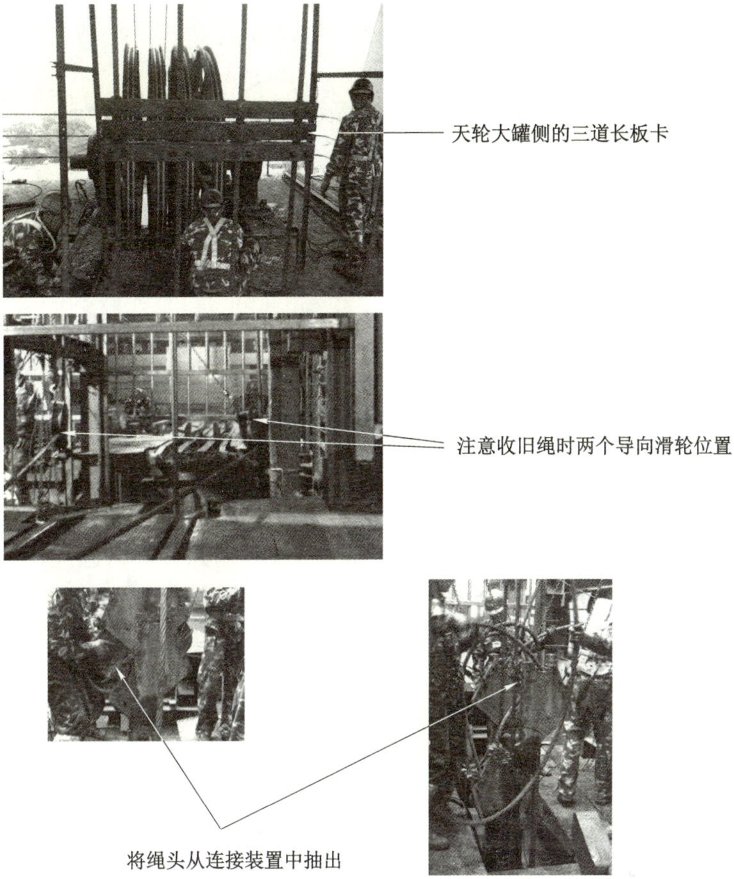

图 1-2-6　锁牢大罐

(5) 将带到井口的新绳头分别与小罐的 1、4 号悬挂装置相连，拆除绞车房的松绳装置(柔性吊带及手拉葫芦)，在天轮的小罐侧利用柔性吊带、锁绳器及油缸将刚与悬挂装置连接的新钢丝绳拉近，在大罐侧导向滑轮的上方安装木质的夹绳器以保证钢丝绳在下方时不会松懈。

(6) 上提大罐、下回小罐，使大罐到井口位置。在小罐下回的同时，在小罐侧每下回 70 m 用长板卡子将四根钢丝绳锁牢，此时钢丝绳为旧、旧、旧、旧，如图 1-2-7所示。待大罐提升至井口后，新钢丝绳留出 3～5 m 的余量并截断，新绳与罐笼的悬挂装置相连，拉紧两根新钢丝绳，打紧楔形环，1 号、4 号绳更换完毕。

(7) 1 号、4 号绳更换完毕后，罐笼和长板卡的位置与图 1-2-8 所示一致，

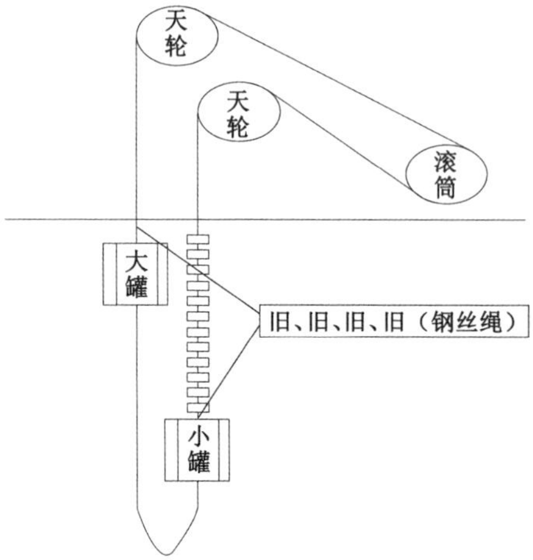

图 1-2-7　锁牢四根钢丝绳

只是钢丝绳为新、旧、旧、新，采用同样的方法更换 2 号、3 号钢丝绳。四根钢丝绳全部换完后，空载运行 20～30 min，测量井口与井底平层位置的差距，调整钢丝绳，油缸打压(行程 200～300 mm)，试运行，正常后可以开车。其操作步骤如图 1-2-9至图 1-2-12 所示。

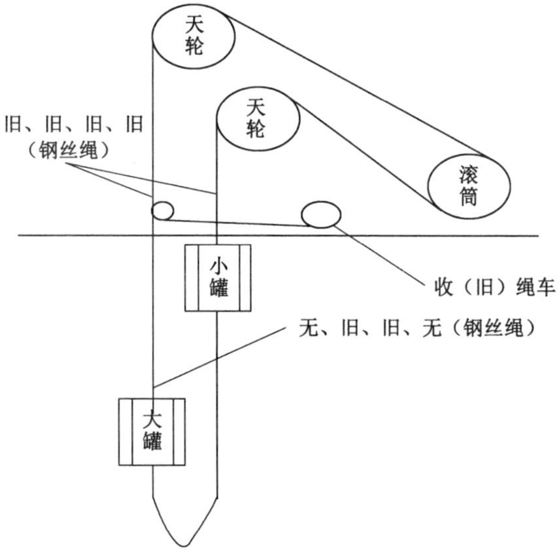

图 1-2-8　罐笼和长板卡位置

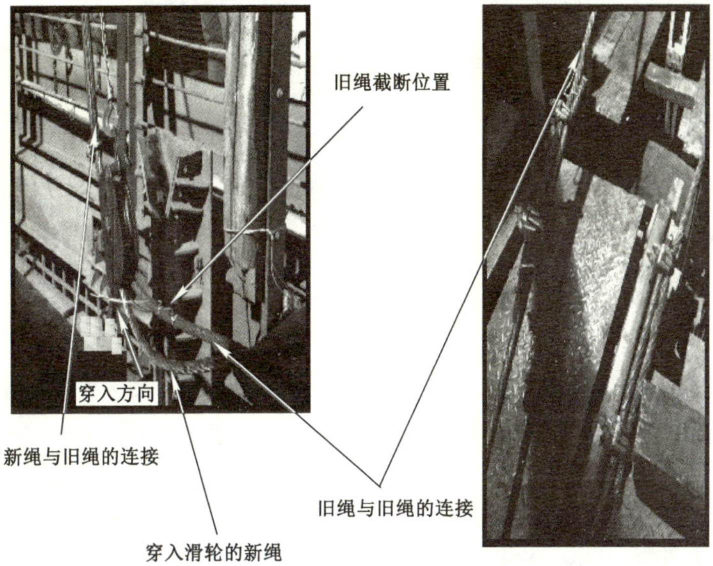

图 1-2-9　步骤一(穿入新绳)

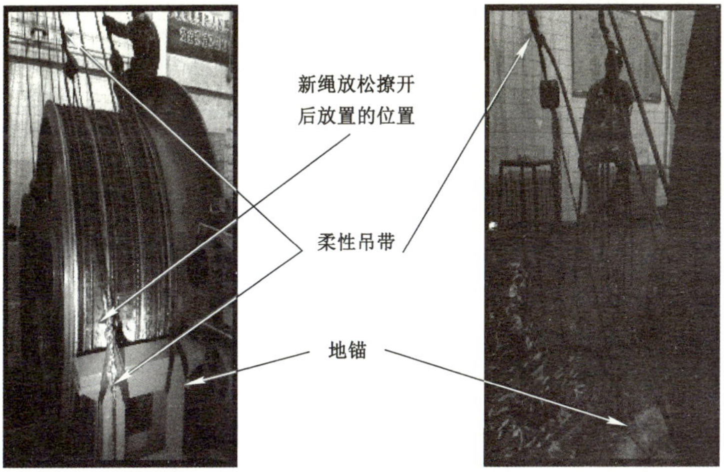

利用柔性吊带、手拉葫芦及地锚将钢丝绳新绳放松撩开绳槽

图 1-2-10　步骤二(撩开绳槽)

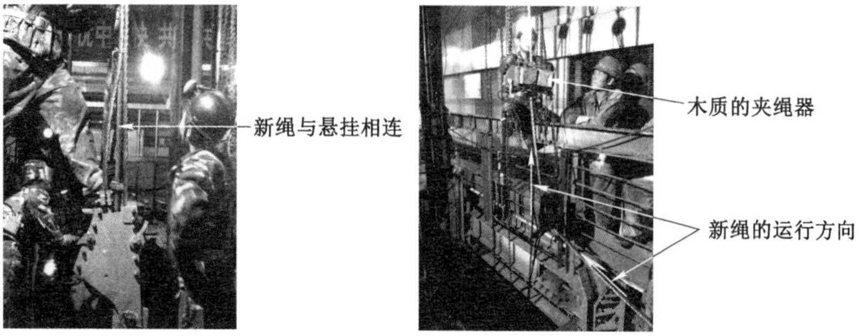

图 1-2-11　步骤三(新绳与悬挂相连)

图 1-2-12　步骤四

2.3.2　主井装载硐室设备检修维护

2.3.2.1　带式输送机

2.3.2.1.1　电动滚筒

(1) 检查电动滚筒要注意外观是否漏油,外表是否变形。

(2) 检查电动滚筒外表温度是否正常。

(3) 检查电动滚筒两侧轴头轴承温度是否正常,与胶带的接触面磨损是否正常。

2.3.2.1.2　胶带H架

(1) 检查胶带H架要注意是否有开焊、变形、扭曲不正以及高低不一。

(2) 检查托辊架是否有螺栓松动或托辊卡口变形。

2.3.2.1.3　托辊

(1) 检查托辊是否齐全，托辊转动是否灵活。

(2) 检查缓冲辊外表的缓冲胶圈是否完好。

(3) 检查所有托辊是否有铁丝、线绳等条状物品缠绕。

2.3.2.1.4　胶带张紧装置

(1) 检查丝杠是否变形。

(2) 检查挡盖是否起作用。

(3) 检查活动丝杠。

2.3.2.1.5　挡煤皮子和煤刮子

(1) 检查机头和机尾煤刮子是否起作用。

(2) 检查给煤机口挡煤皮子固定是否牢固可靠。

2.3.2.2　给煤机

2.3.2.2.1　电机

(1) 检查地脚螺栓是否固定牢固。

(2) 检查电机外表是否完好。

(3) 检查电机温度是否正常。

(4) 检查电机运转是否有异响。

2.3.2.2.2　减速机

(1) 检查地脚螺栓是否固定牢固。

(2) 检查减速机外表是否完好。

(3) 检查减速机温度是否正常。

(4) 检查减速机是否有异响。

(5) 检查减速机是否缺油。

2.3.2.2.3　箱体及溜煤嘴

(1) 检查钢板是否磨损严重。

(2) 检查溜煤嘴是否有掉煤现象。

2.3.2.2.4　底板

(1) 检查托轮转动是否灵活。

(2) 检查托轮连接轴有无变形。

(3) 检查底部钢板有无变形。

(4) 检查底板磨损是否超限。

2.3.2.2.5 摇臂

(1) 检查摇臂是否变形。

(2) 检查偏心轴与摇臂的定位销固定是否牢固。

(3) 检查摇臂磨损是否超限。

(4) 检查摇臂与底板连接销轴是否可靠。

2.3.2.2.6 连接点

检查电机与减速机、减速机与摇臂、摇臂与底板等各个连接点的销轴或螺栓是否磨损超限，其固定是否可靠。

2.3.2.3 定量斗

2.3.2.3.1 箱体

(1) 检查箱体内各耐磨衬板是否完好牢固。

(2) 检查不锈钢板是否平整无卷边。

(3) 检查箱体磨损是否超限。

2.3.2.3.2 气缸

(1) 检查气缸是否漏气。

(2) 检查推杆是否变形。

(3) 检查风管有无漏风。

(4) 检查储气罐压力是否正常。

(5) 检查外表有无锈蚀。

(6) 检查各连接头有无漏气。

2.3.2.3.3 扇形门

(1) 检查扇形门是否变形。

(2) 检查装煤后开关是否灵活，有无卡阻现象。

(3) 检查连接销轴磨损是否超限。

2.3.2.3.4 称重装置

(1) 检查称重装置底座是否牢固。

(2) 检查连接球是否锈蚀。

(3) 检查线路外表是否破损。

2.3.3 副井口、井底操车设备检修维护

2.3.3.1 推车机

(1) 检查液压马达是否有异响,是否漏油。

(2) 检查连接链条是否牢固、完好。

(3) 检查油管及连接头是否漏油。

(4) 检查链条、连接销轴、推头固定是否牢固,其磨损是否超限。

(5) 检查滚轮、滑块,其转动是否灵活。

2.3.3.2 阻车器

(1) 检查阻车器起落是否灵活。

(2) 检查油缸、油路有无漏油。

2.3.3.3 安全门

(1) 检查油缸是否漏油。

(2) 检查安全门的各焊接点、固定点是否牢固可靠。

(3) 特别注意钢丝绳是否有断丝和扭曲现象。

2.3.3.4 摇台

(1) 检查摇台动作是否灵活、卡阻,其起落是否到位。

(2) 检查油缸、油管是否漏油。

2.3.3.5 爬车机

(1) 检查电机、减速机是否固定牢固。

(2) 检查外表是否完好。

(3) 检查温度是否正常。

(4) 检查运转是否有异响。

(5) 检查减速机是否漏油、缺油。

(6) 检查链条、阻爪、跑道有无变形。

2.3.3.6 电动转盘

(1) 检查电机、减速机是否固定牢固。

(2) 检查外表是否完好。

(3) 检查温度是否正常。

(4) 检查运转是否有异响。

(5) 检查减速机是否漏油、缺油。

(6) 检查圆盘有无变形。

2.3.3.7 翻车机

(1) 检查电机、减速机是否固定牢固。

(2) 检查外表是否完好。

(3) 检查温度是否正常。

(4) 检查运转是否有异响。

(5) 检查减速机是否漏油、缺油。

(6) 检查齿圈是否完好。

(7) 检查减速机与电机之间的缓冲连接磨损是否超限。

(8) 检查渣仓内的仓壁上是否干净。

2.3.3.8 轨道

(1) 检查井口范围内的轨道是否固定牢固。

(2) 检查道岔是否能贴严。

(3) 检查轨缝是否垫胶皮。

2.3.3.9 液压站

(1) 检查电机是否固定牢固。

(2) 检查外表是否完好。

(3) 检查温度是否正常。

(4) 检查运转是否有异响。

(5) 检查泵站是否漏油、缺油。

(6) 检查各电磁阀动作是否灵敏。

(7) 检查各油管是否漏油。

(8) 检查泵站压力表是否完好,泵站压力是否正常。

3　井下高压供电系统设备日常维护检修方法

3.1　检修总则

（1）矿井所有电气设备必须定期进行维护检修。检修人员必须是持有合格电工证的专业电工。

（2）矿井检修电工为了做好工作，应当熟记以下四十字诀：牢记系统，熟悉本岗；科学巡视，保持整洁；观察状态，比较变化；注意声音，掌握温度；环境变化，措施跟上。

（3）高压开关柜：每年进行一次全面检修，除尘紧固，开关触头涂抹导电膏。

（4）防爆开关月检内容：检查地线状态，拧紧接地螺栓，检查进线嘴、接线盒等螺栓的松紧，密封圈是否合适，垫圈是否失效，闭锁装置是否完整、可靠。

（5）移动变电站：每年对移动变电站主体和高压头进行一次开盖检修，其内容包括紧固所有螺丝，用四氯化碳擦拭接头部分，清扫内部灰尘，检查瓷套管是否清洁、有无裂纹和放电痕迹，检查机械机构的灵活性，防爆面抹一遍凡士林。

（6）井下电缆：固定敷设电缆每周由专职电工检查外部和悬挂情况一次，每季度对电缆绝缘电阻测试一次。

（7）接地电阻每季度测定一次。

（8）所有电气设备表面应经常清扫，保持散热良好。

（9）电工检修电气设备时应当严格按照制度进行，做到仔细、认真。

3.2　高爆开关

高爆开关的日常检修维护内容：开关外壳有无变形；螺丝弹垫是否齐全、紧固；防爆性能是否破坏；闭锁装置是否完好；操作机构是否灵活可靠，手把闭锁后，内部是否有电；接地装置是否齐全完好；防爆、整定等标志牌内容是否正确；防爆面有无污垢、锈蚀；真空管接触器是否漏气、行程是否恰当、有无温升；接线柱、接头是否紧密，有无松动发热；高低压瓷瓶套管有无裂纹和损伤；保护整定和保险丝选择是否符合要求；各保护插件是否完好，其动作是否灵敏可靠；开关内有无干燥剂，是否失效；绝缘性能是否良好。

高爆开关检修标准及方法如表 1-3-1 所示。

表 1-3-1　高爆开关检修标准及方法

检修(检查)内容		检修标准及方法
开关整体外观	外观	螺丝、弹垫齐全安装可靠，壳体无变形，无锈蚀，无开焊，表面清洁无灰尘，玻璃窗口无破损、松动，刷漆均匀与出厂一致，托架无严重变形；喇叭嘴紧固可靠无失爆现象
	紧固件、指示灯、按钮、手柄	紧固件齐全完整、紧固有效，状态指示灯转换指示正确、按钮齐全，操作灵活，合格有效，操作手柄位置正确，扳动灵活，与操作轴连接牢固，无虚动，开关的手柄、按钮、壳盖的闭锁关系正确可靠，并有警告标志
	标志完善、清晰	“MA”标志、防爆类型标志、设备铭牌、设备标志牌、完好标志牌、防爆合格证等，完善、清晰、与实物相符并填写正确
	声音、温度	运行中无异常响声，状态灯指示正常，开关各部位温升在正常范围内，电缆不发热
接线室	接线工艺	接线螺栓、螺母的螺纹无损伤，无放电痕迹，紧固零件齐全完整、紧固有效，导电良好，接线整齐，无毛刺，接线桩头处的长度符合规定，不压绝缘皮子。接地线长度留有安全余量，电气间隙和爬电距离合格。密封圈与开关、挡圈、挡板、电缆的配合符合规定。接线时电缆芯线的绝缘无损坏。危险牌、电源侧与负荷侧间的绝缘挡板齐全
	电缆引入装置齐全完好，无失爆	开关的电缆引入装置与开关、电缆、密封圈、挡板、挡圈的配合符合《煤矿防爆电气性能检查细则》中的规定
	导线及带电螺栓	布线间距合理，导线干净整齐，导线绝缘无破损老化，绝缘性能良好。绝缘电阻：1 140 V 不低于 5 MΩ；660 V 不低于 2 MΩ。测量绝缘值时必须使用电压值相符合的兆欧表
	接线桩头、绝缘座	接线桩头无滑口，绝缘座完整无裂纹，接头不发热，摇测绝缘符合规定
	除尘，防爆面检查、涂油	母线室内清洁，无杂物、无灰尘、无放电痕迹；防爆面防爆检查，无伤痕、无变形、无锈蚀、间隙符合规定，涂抹防锈油，紧固螺丝与开关、弹簧垫、平垫与其他螺丝等配套、齐全、紧固等要符合《煤矿防爆电气性能检查细则》中的规定

表 1-3-1(续)

检修(检查)内容		检修标准及方法
真空断路器	外观检查	真空管表面清洁、无裂纹,无放电痕迹,接线座固定牢固,接线无松动现象
	真空管、触头	内部零件无氧化变色;真空度测试、触头三相不同期测试符合厂家规定
	操作机构、闭锁装置	操作机构灵活、正确,无卡阻现象;分、合闸标志指示清晰准确,与触头位置一致;闭锁装置齐全、灵活可靠
二次回路	配线	配线整齐、清晰,导线绝缘良好无损伤,腔内无接头
	二次接线	布线合理、接线紧固,接触良好,无中间接头,无虚接发热现象
	辅助开关	辅助开关动作准确到位,触点接触良好,触点无烧损、锈蚀现象;运行无卡阻现象,接线正确、牢固可靠
熔断器及综合保护装置	一、二次熔断保险	熔断器的安装正确,接触良好;熔体选用合适,符合规定;保险座固定牢固,无裂纹、接线正确
	综合保护检查	综合保护插件的动作灵敏、可靠性,插接牢固,接线紧固无脱落,过流、欠压、过压、断相、漏电闭锁保护以及先导回路自启动保护必须可靠
互感器	电流互感器	表面清洁无灰尘,绝缘无裂纹,无放电痕迹;接线正确、牢固可靠;二次侧接地可靠,严禁开路;平时运行无异响
操作机构	远、近控按钮	内部接线正确、操作灵活、可靠,无卡阻、无锈蚀,固定牢固,无失爆现象
	隔离开关操作机构	动作灵活、可靠,无卡阻、无锈蚀,固定牢固
电压互感器	外观及性能测试	接线紧固,固定牢固,外部绝缘无发热变色、无老化变质,无放电痕迹,一次绝缘不低于 10 MΩ,二次绝缘不低于 2 MΩ
中间继电器、延时继电器	外观及性能测试	接线紧固,固定牢固,动作灵活可靠无卡阻,线圈无发热老化现象,触头接触良好,无烧损或锈蚀现象。延时继电器整定符合规定
接地装置	外观检查	接地标志明显,接线紧固,排列整齐,接地螺栓、接地线完整齐全,无锈蚀、无脱落,接地线、接地极要符合《煤矿安全规程》规定
隔爆性能检查	隔爆面检查	隔爆面表面粗糙度及间隙符合规定;隔爆面伤痕不超限、无锈蚀,涂防锈油。不用的线嘴应用与法兰盘厚度相适应的钢板封堵

3.3 移动变压器

移动变压器的日常检修维护方法：外壳是否损伤变形；螺丝弹垫是否齐全紧固；温度、声音是否正常；防爆面有无污垢、锈蚀；高低压瓷瓶有无裂纹和损伤；接线柱接线是否良好，有无松动和灼伤；踏步和星点是否合适紧固；绕组及螺丝有无松动；高低压连锁线是否被挤破；绕组绝缘是否合乎要求。

3.3.1 线圈

线圈组装：低压线圈距铁芯距离为 10 mm。高、低压线圈之间间隙为 23 mm（包括 10 mm 气道＋2.5～3 mm 围板＋10 mm 气道）。

高、低压线圈距铁轭距离为 50 mm（包括端围 20 mm＋气道 27 mm＋护板 3 mm）。高压线圈相间距离为 12 mm（包括相间隔板 2 mm）。线圈的绝缘状态达到三级以上时应进行更新。

3.3.2 机壳

机壳各部无变形、无锈蚀，结构及防爆性能必须符合规定。壳体与拖撬连接牢固可靠，滚轮转动灵活。

3.3.3 变压器过热保护

干式变压器箱壳内部上层空腔须有温度监测器件（温控开关），H 级绝缘变压器装设 125 ℃温控开关，B 级绝缘变压器装设 80 ℃温控开关，以实现超温保护。

3.3.4 连锁装置

3.3.4.1 移动变电站连锁机构

高、低压开关之间具有电气连锁，因而操作程序只能是：高压开关较低压开关先合闸，高压开关较低压开关后分闸。

高压开关箱大盖与开关间有机械连锁。打开高压开关大盖必须切除高压进线端电源。低压开关箱与大盖之间有机械连锁。打开低压开关箱大盖后，不能合闸和储能；开关在合闸和储能位置上，无法打开大盖。

3.3.4.2 隔爆型干式变压器的连锁机构

隔爆型干式变压器的高压出线盒和低压出线盒之间设有电气连锁。出线盒端盖与出线盒之间设有电气闭锁，以保证出线盒盖打开时不能对变压器送电。

3.4　各项试验及方法

3.4.1　高爆开关

3.4.1.1　主回路的绝缘试验

进行工频电压试验时，试验变压器的一端应与开关柜的外壳相连。在进行隔离断口工频电压试验时，外壳应与地绝缘。

3.4.1.1.1　试验电压

试验电压及部位按表 1-3-2 执行。

表 1-3-2　试验电压及部位

额定电压/kV	工频耐受电压/kV	
	相对地及相间	隔离断口间
7.2	32	36

3.4.1.1.2　施加电压的时间

设备应该按表 1-3-2 中所示能够短时工频耐受电压试验。对每一试验状况，应该把试验电压升到试验值并维持 1 min。

3.4.1.2　辅助和控制回路的绝缘试验

(1) 试验电压为 2 kV，持续时间为 1 s。若各次试验无击穿放电现象，则试验通过。对于辅助回路和控制回路中的电动机和其他设备，其试验电压与回路相同。若这些元件确已按规定的技术条件进行过试验，在试验时可从回路中拆开。

(2) 辅助回路和控制回路中使用电子器件时，可根据制造厂与用户之间的协议采用不同的试验程序和耐压值。

(3) 电流互感器的二次侧应短接并与地断开，电压互感器的二次侧应断开。

3.4.1.3　主回路电阻测量

(1) 跨越设备接通的主回路所测得的电阻值应符合表 1-3-3 中的规定。

它表明电流通路满足固有的正常状况。

表 1-3-3 主回路电阻

电阻值/μΩ 额定电流/A	主回路	可移开部件组(含断路器手车)
630	250	30

(2) 主回路电阻值的测量点,应自设备内的一次进线端至电流互感器出线端。

(3) 试验电流应该取 50 A 到额定电流之间的任一方便的值(推荐值为 100 A)。

3.4.1.4 机械操作试验和机械特性测量

3.4.1.4.1 机械操作试验

① 开关装置在主回路不通电的情况下,其操动装置应按规定的操作电源电压范围内进行合、分各 5 次的操作。

② 可移开部件应插入和移开各 5 次,相同规格的单元互换操作各 5 次;在上述动作过程中其动作不应有卡滞的现象,其动作应符合相关技术要求的规定。

3.4.1.4.2 机械特性测量

① 主回路中所装的开关装置均应在其规定的操作条件下测量其特性参数,其参数需符合相关技术文件的规定。

② 操动机构与开关连体的装置可免做此项试验。

3.4.1.5 通电操作检验

(1) 根据提供的文件、结合设计,对设备内的各种回路进行模拟通电试验,其动作过程及显示等项目应符合相关文件要求。凡可动作的回路需经 5 次的连续动作且以不出现异常视为合格。

(2) 具有预定操作顺序的控制装置与电气及其他装置连锁在一起,应在辅助电源最不利的限值下,按规定的使用和操作条件连续动作 5 次,且在试验过程中不得有调整。

(3) 具体的电源参数及状态应符合以下规定:

① 操动装置额定电源电压在 AC85%~110%或 DC80%~110%范围内应可靠合闸。

② 操动装置额定电源电压在 DC65%～120%或 AC85%～120%范围内应可靠分闸。

③ 操动装置额定电源电压在其值的 30%时，不应分闸。

④ 当装有欠压脱扣器时，其端子电压降到(即便是缓慢地和逐渐地降到)它的额定电压的 35%以下时，它应该动作使开关装置分闸。当端子电压大于它的额定电压的 65%时，它不应使开关装置分闸；当欠压脱扣器端子电压等于或大于它的额定电压的 85%时，开关装置应能合闸。当端子电压低于它的额定电压的 35%时，开关装置应不能合闸。

(4) 试验后，各种装置应仍处于良好的工作状态，则认为通过了试验。

3.4.1.6　保护插件动作试验

保护插件动作试验主要分为两种：一种是直接加大电流于电流互感器一次侧，直接进行检测；另一种就是由于定值较大，可在电流互感器二次侧加二次电流值进行检测，但同时需要对电流互感器进行变比检测，以确定保护插件是否满足变比要求。

在试验过程中，存在如下注意事项：

(1) 加设大电流时，一定要注意设备接地，避免施工人员触电。

(2) 在试验过程中必须佩戴相应绝缘等级的绝缘用具。

(3) 当试验数据接近定值时，应降低数值增加速度，以保证其试验的准确性。

3.4.2　移动变压器

3.4.2.1　绕组直流电阻测量

此项目检测周期不得超过 3 年。在大修前后、无载分接开关变换分接位置后或必要时进行此项目。

可用红外线测温仪测量变压器温度，待其温度接近大气温度时(相差不超过±5 ℃时)，可进行此项试验工作。其具体测量步骤为：

(1) 拆除变压器高、低压侧连接排、线。

(2) 采用双臂电桥或变压器直阻电阻测试仪器进行测量。接线时注意夹线钳的电压端与电流端的位置，避免不必要的测量误差。

(3) 分别测量高压侧各绕组直流电阻。测量时，应先按下电桥的 B 键，充电约 1 min 后，再进行细致的测量。

(4) 高压侧直阻测量完毕后，应进行温度换算。对于 1 600 kV · A 以上变压器，其线间电阻值差别一般不大于三相电阻平均值的1%；对于1 600 kV·A及以下变压器，其线间电阻值差别一般不大于三相电阻平均值的2%；与以前相同部位测得的电阻值比较，其变化不大于2%。

(5) 分别测量低压侧各绕组的直流电阻，因低压侧直流电阻很小，除了要将电桥的灵敏度旋至最大值外，还要将电桥引线的电压引线尽量夹在低压侧引出铜排的根部，以便准确测量。

(6) 低压侧各相电阻测量完毕后，应进行温度换算。对于1 600 kV·A以上变压器，其相间电阻值差别一般不大于三相电阻平均值的2%；对于1 600 kV·A及以下变压器，其相间电阻值差别一般不大于三相电阻平均值的4%；与以前相同部位测得的电阻值比较，其变化不大于2%。

(7) 若直流电阻出现超标情况，则会同检修专业人员查明原因。

3.4.2.2 绕组绝缘电阻、吸收比测量

此项目周期不得超过3年。在大修前后、必要时进行此项目。其具体测量步骤为：

(1) 继续保持变压器高、低压侧绕组及中性点呈拆开状态，并将低压绕组及中性点短路接地，将高压侧线圈短路。

(2) 采用2 500 V摇表测量高压绕组对低压绕组及地的绝缘电阻和吸收比。

(3) 测量完毕后，先将摇表的L端引线脱开，再停止摇表，并对变压器的高压绕组对地进行充分放电。

(4) 将高压绕组短路接地，低压绕组短路，采用2 500 V摇表测量低压绕组对高压绕组及地的绝缘电阻和吸收比。

(5) 记录下变压器本体温度，将绝缘电阻进行温度换算。与前次测试结果相比，其电阻应无明显的变化；其吸收比(10～30 ℃)不低于1.3。

(6) 大修后还要进行穿心螺栓、铁轭夹件、铁芯等的绝缘电阻测量。与前次测试结果相比，其电阻应无明显的变化。

(7) 对于绕组所有分接头的电压比、变压器组别或极性，在分接开关引线拆装后、更换绕组后以及必要时进行测量。

(8) 拆除高低压侧全部引线。

(9) 使用变压器变比测试仪，将测试线分别夹在高低压侧6个绕组引出端上。注意相别不要夹错。仪器接好接地线。

(10) 选择好各参数后，进入测试状态。测试出接线组别、变比值及误差。对于单相变压器，测试出极性。

（11）同样方法测试所有分接位置的相关参数。

（12）恢复变压器正常接线。

3.4.2.3　绕组的交流耐压试验

此项目在条件具备时进行。此项目检测周期不得超过 3 年。在大修前后、必要时进行此项目。其具体测量步骤为：

（1）继续保持变压器高、低压侧线圈出呈拆开状态，对高压侧电缆头及低压侧出线排短路接地，并将高压侧电缆接线头与变压器本体移开 50 cm 以上的距离，避免在耐压过程中对电缆的闪络放电。

（2）将变压器高压侧线圈短路接地。采用 2 500 V 摇表对低压侧线圈进行耐压试验。在摇动测试的 1 min 内，变压器内应无放电声，其绝缘电阻值不应明显波动，且应稳中有升，则耐压试验合格。

（3）低压侧线圈测试完毕后，要对其充分放电，并且三相短路接地。

（4）采用试验变压器对干式变高压侧线圈进行交流工频耐压试验。

（5）按图接好线后，用遮拦围好试验区域，并在遮拦上挂“止步、高压危险”的警示牌。

（6）调整过电压保护球隙的间隙。接于被试变压器高压侧的加压引线应暂时解除。用干净的绢布将球体擦拭几遍，同工作监护人联系，进行加压试验。对于 10 kV 干式变压器，当加压至 26 kV 时，球隙应闪络，并再次加压至 23.8 kV，维持 1 min，球隙应无异常；降压至零时，球隙调整工作结束。对于 27 kV 励磁干式变压器，当加压至 65 kV 时，球隙应闪络，并再次加压至 59.3 kV，维持 1 min，球隙应无异常；降压至零时，球隙调整工作结束。

（7）将被试变压器低压侧线圈短路接地，将高压侧线圈短路接上加压引线。

（8）做好现场安全的监护工作，准备好计时秒表。

（9）当工作监护人发出加压命令后，操作人员缓慢地将电压加至 23.8/59.3 kV，并开始计时，同时密切观察变压器内部有无放电、闪络现象。试验电压、电流应无明显波动，并记录下来，1 min 后将电压降至零。

（10）断开试验电源开关，放电。拆除试验接线。

（11）使用 2 500 V 摇表，测量干式变压器高压侧线圈的绝缘电阻，其值与交流耐压前的数值相比，不应有较大变化。

（12）将高、低压侧线圈及中性点连接排装复，并核对其相别是否正确。

3.4.3 技术要领及安全要领

3.4.3.1 设备检修前对周边环境主要危险源的辨识与防范

井下电气设备在检查、修理、搬移时应由两人协同工作，相互监护。检修前必须首先切断电源，经确认已停电后再放电(采区变电所的电气设备及供电电缆的放电，只能在硐室甲烷浓度在1%以下时才准进行)，悬挂接地线，操作手把上挂“有人工作，禁止合闸”警示牌后，才允许触及电气设备。

3.4.3.1.1 设备规定的运转条件的检查

井下电气维修工在工作期间应携带电工常用工具、与电压等级相符的验电笔和便携式甲烷检测仪。

3.4.3.1.2 安全检修要领

(1) 作业规程。

① 熟知《煤矿安全规程》有关内容和电气设备防爆的有关标准和规定。

② 具备电工基本知识，熟悉所维修范围内的供电系统、电气设备和电缆路线的主要技术特征以及电缆的分布情况。

③ 了解所负责维修的设备的性能原理和保护装置的运行状况。

④ 高压电气设备停送电操作，必须填写工作票。检修、安装、挪移机电设备、电缆时，禁止带电作业。

⑤ 井下电气设备在检查、修理、搬移时应由两人协同工作，相互监护。

⑥ 检修前必须首先切断电源，经确认已停电后再放电(采区变电所的电气设备及供电电缆的放电，只能在硐室甲烷浓度在1%以下时才准进行)，悬挂接地线，操作手把上挂“有人工作，禁止合闸”警示牌后，才允许触及电气设备。

⑦ 操作电压电气设备时，操作人员必须戴绝缘手套、穿高压绝缘靴或站在绝缘台上操作。操作电气设备主回路时，操作人员必须戴绝缘手套或穿高绝缘靴，或站在绝缘台上操作。127 V 手持式电气设备的操作手柄和在工作中必须接触的部分的绝缘应良好。

⑧ 井下电气维修工在工作期间应携带电工常用工具、与电压等级相符的验电笔和便携式甲烷检测仪。

⑨ 井下使用普通型仪表行测量时，应严格执行下列规定：

a. 普通型携带式电气测量仪表，只准在甲烷浓度为1%及以下的地点使用。

b. 在测定设备或电缆绝缘电阻后，必须将导体完全放电。

c. 被测设备中有电子插件时，在测量绝缘电阻之前，必须拔下电子插件。

(2) 操作规程。

① 操作准备。

a. 井下电气维修工入井前应检查、清点应带的工具、仪表、零部件、材料、检查验电笔是否保持良好状态。

b. 供电干线需停电检修时，事先必须将停电时间及影响范围通知有关区队。

② 正常操作。

a. 井下中央变电所(含水平变电所)、有值班员值班的采区变电所的高压开关设备的操作，必须由值班员根据电气工作票、倒闸操作票进行停电操作。单人值班的由维修工监护。无人值班的采区变电所、配电点或移动变电站的操作，由检修负责人安排熟悉供电系统的专人操作，由检修负责人监护。

b. 维修职责范围内设备的维修质量，应达到《煤矿矿井电气设备标准》的要求。高低压电缆的悬挂符合《煤矿安全规程》中的相关要求。设备检修或更换零部件后，其质量应达到检修标准要求。电缆接线盒的制作应符合有关工艺要求。

c. 馈电开关的短路、过负荷、漏电保护装置应保持完好，其整定值正确，其动作可靠。

d. 移动变电站的安装、运行、维修和管理必须按照相关要求执行，其漏电保护主、辅接地极的安装、维护必须符合要求。

e. 各类电气保护装置应按其技术要求和负载的有关参数正确整定和定期校验。

f. 电流互感器二次回路不得开路，二次侧接地线不准断路。在电压互感器二次回路进行通电试验时，应采取措施防止由二次回路向一次回路反送电。

g. 在检查和维修过程中，发现电气设备失爆时，应立即停电进行处理。对在现场无法恢复的防爆设备，必须停止运行，并向有关领导汇报。

h. 在电气设备检修过程中，不得任意改变原有端子序号、接线方式，不得甩掉原有的保护装置，其整定值不得任意修改。

i. 检漏继电器跳闸后，应查明跳闸原因和故障性质，及时排除后才能送电。禁止在甩掉检漏继电器的情况下，对供电系统强行送电。

j. 电气设备的局部接地螺栓与接地引线的连接必须接触可靠，不准有锈蚀。连接的螺母、垫片应镀有防锈层，并有防松垫圈加以紧固。局部接地极和接地引线的截面尺寸、材质均应符合有关规定。

k. 铠装电缆芯线连接必须采用冷压连接方式，禁止采用绑扎方式。

l. 连接屏蔽电缆时，其半导体屏蔽层应先用三氯乙烯清洗剂（阻燃清洗剂）将导电颗粒洗干净。对于金属屏蔽层，不允许金属丝刺破芯线绝缘层。屏蔽层剥离长度应大于国家标准规定的最小爬电距离的 1.5～2 倍。

m. 使用 ZC-18 型测量仪测量接地电阻时：(a) 直线距被测接地极 E′20 m 和 40 m 处分别埋入电位探测针 P′我电流探测针 C′。(b) 用导线将 E′、P′、C′分别与摇表相应的 E、P、C 相连接。(c) 仪表水平放置，调零位调节器使检流计指针指在黑线上。(d) 将倍率标度盘拨至乘 10 档，慢慢转动发电机手把，同时转动测量标度盘，使检流计指针指在黑线上。(e) 当检流计指针接近平衡时，加快发电机手把转速至 120 r/min 以上，调整测量标度盘使指针指在黑线上。(f) 当测量标度盘读数小于 1 时，将倍率标度盘置于乘 1 档，再重新调测量标度盘。(g) 标度盘读数乘以倍率即为所测接地电阻值。

③ 特殊操作。

a. 凡有可能反送电的开关必须加锁，开关上悬挂“小心反电”警示牌。若需反送电时，应采取可靠的安全措施，防止触电事故和损坏设备。

b. 在同一馈电开关控制的系统中，有两个及以上多点同时作业时，要分别悬挂“有人工作、严禁送电”的标志牌，并应有一个总负责人负责联络、协调各相关环节的工作进度。工作结束后、恢复送电前，必须由专人巡点检查，全部完工并各自摘掉自己的停电标志牌后，方可送电。严禁约定时间送电。

c. 当发现有人触电时，应迅速切断电源或使触电者迅速脱离带电体，然后就地进行人工呼吸抢救，同时向地面调度室汇报。触电者未完全恢复、医生未到达现场之前不得中断抢救工作。

d. 当发现电气设备或电缆着火时，必须迅速切断电源，使用电气灭火器材或沙子灭火，并及时向调度室汇报。

④ 收尾工作。

a. 工作完毕后，工作负责人对维修工作进行检查验收。拆除临时接地线和摘掉停电牌，清点工具，确认无误后，恢复正常供电。对检修设备进行试运转。

b. 每班工作结束升井后，必须向有关领导汇报维修工作情况，并认真填写检查维修记录。

3.5　摇表使用方法

摇表,又名兆欧级电阻表(如图 1-3-1 所示),是为了避免事故发生,用于测量各种电气设备的绝缘电阻的兆欧级电阻表。这种表用于测量绝缘电阻,既方便又可靠。

摇表由一个手摇发电机、表决和三个接线柱(即 L 线路端、E 接地端、G 屏蔽端)组成。摇表被广泛用于煤矿安装和检修,适用于检查电机、电器及线路的绝缘情况和测量高值电阻。

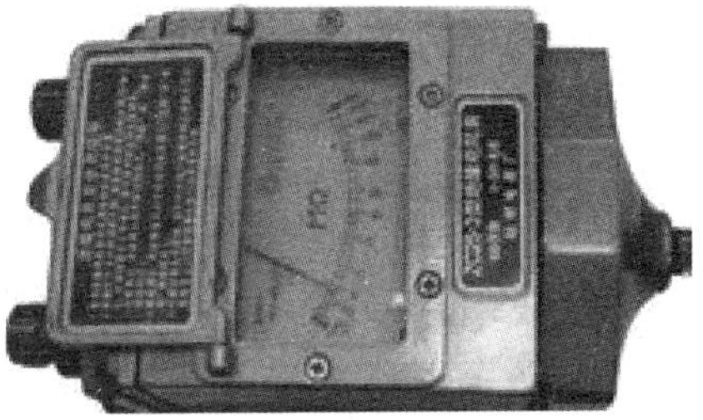

图 1-3-1　摇表

3.5.1　准备工作

在工作时,摇表自身产生高电压,而摇表的测量对象又是电气设备,所以必须正确使用摇表。摇表使用前,首先要做好以下各种准备工作。

(1) 测量前必须将被测设备电源切断,并对地短路放电,决不允许设备带电进行测量,以保证人身和设备的安全。

(2) 对可能感应出高压电的设备,必须消除这种可能性后,才能进行测量。

(3) 被测物表面要清洁,以减少接触电阻和确保测量结果的正确性。

(4) 测量前要检查摇表是否处于正常工作状态。主要检查其"0"和"∞"两点。摇动手柄,使电机达到额定转速。摇表在短路时应指在"0"位置,开路时应指在"∞"位置。

(5) 摇表使用时应放在平稳、牢固的地方,且远离大的外电流导体和外磁场。

3.5.2 测量步骤

做好上述准备工作后就可以进行测量了。在测量时,还要注意摇表的正确接线,否则将引起不必要的误差甚至错误。

摇表的接线柱共有三个:一个为"L"(即线端),一个为"E"(即地端),再一个为"G"(即屏蔽端,也叫保护环)。一般被测绝缘电阻都接在"L""E"端之间。但当被测绝缘体表面漏电严重时,必须将被测物的屏蔽环或不需测量的部分与"G"端相连接。这样漏电流就经由屏蔽端"G"直接流回发电机的负端形成回路,而不在流过摇表的测量机构(动圈)。

这样就从根本上消除了表面漏电流的影响。特别应该注意的是,测量电缆线芯和外表之间的绝缘电阻时,一定要接好屏蔽端"G",因为当空气湿度大或电缆绝缘表面不干净时,其表面的漏电流将很大。为防止被测物因漏电而对其内部绝缘测量所造成的影响,一般在电缆外表加一个金属屏蔽环,与摇表的"G"端相连。

当用摇表摇测电气设备的绝缘电阻时,一定要注意"L"和"E"端不能接反,其正确的接法是:"L"线端接被测设备导体,"E"地端接地的设备外壳,"G"屏蔽端接被测设备的绝缘部分。如果将"L"和"E"接反了,那么流过绝缘体内及表面的漏电流经外壳汇集到地,由地经"L"流进测量线圈,使"G"失去屏蔽作用而给测量带来很大误差。

因为"E"端内部引线同外壳的绝缘程度比"L"端与外壳的绝缘程度要低,当摇表放在地上使用时,且当采用正确接线方式时,"E"端对仪表外壳和外壳对地的绝缘电阻,相当于短路,不会造成误差;而当"L"与"E"接反时,"E"对地的绝缘电阻同被测绝缘电阻并联,而使测量结果偏小,给测量带来较大误差。

3.5.3 使用方法

(1) 测量前,应将摇表保持水平位置。左手按住表身,右手摇动摇表摇柄,转速为约 120 r/min,指针应指向无穷大(∞),否则说明摇表有故障。

(2) 测量前,应切断被测电器及回路的电源,并对相关元件进行临时接地放电,以保证人身与摇表的安全和测量结果的准确性。

(3) 测量时必须正确接线。摇表共有 3 个接线端(L、E、G)。测量回路对地电阻时,L 端与回路的裸露导体连接,E 端连接接地线或金属外壳;测量回路的绝缘电阻时,回路的首端与尾端分别与 L、E 端连接;测量电缆的绝缘电阻时,为防止电缆表面泄漏电流对测量精度产生影响,应将电缆的屏蔽层接至

G 端。

(4) 摇表接线柱引出的测量软线绝缘应良好。两根导线之间和导线与地之间应保持适当距离,以免影响测量精度。

(5) 摇动摇表时,不能用手接触摇表的接线柱和被测回路,以防触电。

(6) 摇动摇表后,各接线柱之间不能短接,以免损坏。

(7) 摇动摇表后,时间不能太久。

3.5.4 注意事项

(1) 禁止在雷电时或高压设备附近测绝缘电阻,只能在设备不带电且没有感应电的情况下测量绝缘电阻。

(2) 在摇测过程中,被测设备上不能有人工作。

(3) 测量设备的绝缘电阻时,必须先切断设备的电源。对含有电感、电容的设备(如电容器、变压器、电机及电缆线路),必须先进行放电。非值班人员应办理相应的工作票方可工作。

(4) 摇表应水平放置。未接线之前,应先摇动摇表,观察摇表指针是否在"∞"处。再将 L 和 E 两接线柱短路,慢慢摇动摇表,其指针应在零处。经开路、短路试验,且证实摇表完好方可进行测量。

(5) 摇表的引线应用多股软线。两根引线切忌绞在一起,以免造成测量数据不准确。

(6) 摇表测量完毕后,应立即使被测物放电。在摇表未停止转动和被测物未放电之前,不可用手去触及被测物的测量部位或进行拆线,以防止触电。

(7) 被测物表面应擦拭干净,不得有污物(如漆等),以免造成测量数据不准确。

(8) 测量结束后,大电容设备要放电。

(9) 要定期校验摇表的准确度。

4 矿灯房设备日常维护检修方法

4.1 矿灯日常维护检修方法

为了保证井下工人的安全与设备的正常运行，矿灯日常维护检修方法如下：

（1）在矿灯日常使用前，必须将矿灯放在充电架上进行充电。当充电指示灯显示绿灯亮时（表示电量充满）方可取下矿灯使用。

（2）在矿灯充电时必须关闭灯头开关，使灯熄灭，以免损坏灯泡。

（3）当矿灯充满电处于绿色指示灯亮时，若超过 48 h 不使用矿灯，则需将矿灯旋离充电座，以免影响矿灯性能。

（4）若矿灯每次放电不足 3 h，则应连续使用。使用后再对矿灯进行正常充电。矿灯连续放电不可超过 13 h，以免影响矿灯使用寿命。

（5）矿灯要充满电储存，其储存期为 6 个月。储存期未满要对矿灯进行使用时，使用前，应对放灯进行 2～3 次循环充放电。

（6）灯房使用的矿灯是免维护矿灯，所以绝不可擅自打开矿灯或更换矿灯的零配件。若确需更换矿灯的配件时，必须在专业技术人员指导下进行。

（7）矿灯发放前和收回后认真检查。发现矿灯灯线破口、灯圈及螺丝松动、开关失灵、充电不良、红灯、灭灯等现象时，要及时解决，严禁故障灯发出。

（8）在矿灯发放时必须保证矿灯外观完好，无开关失灵等失爆现象。矿灯充电良好，无红灯、灭灯等现象。

（9）为避免矿灯的人为损坏，在矿灯发放和收回时，应动作迅速，小心谨慎，轻拿轻放，避免碰撞，做到灯、架对应。

（10）备用灯或长期无人使用的矿灯不能给其充电。

（11）旋转矿灯灯头，检查充电柱是否受损。若其受损，则及时更换。

（12）矿灯在上架充电时，若灯线缠绕，则应及时处理。

（13）仔细观察矿灯的充电位置。若其充电位置不正常，则将灯头旋转到正确充电位置。

(14) 若已充电矿灯灯光发暗或闪烁,则应及时更换矿灯。

(15) 检查灯线时,必须用手捋灯线,并将灯线用干布擦拭干净。

(16) 新安排的矿灯应先用电动刻字机打号,再将灯号信息录入电脑。

4.2　矿灯架日常维护检修方法

为了保证井下工人的安全与设备的正常运行,矿灯架日常维护检修方法如下:

(1) 充电架在启动时应先接通主电源开关,再接通辅助电源开关,此时电压应显示 8 V,指示灯全亮,单片机复位。所有充电位绿灯亮。复位完成后,充电架进入正常充电状态,绿灯熄灭,红灯点亮。

(2) 充电时,应将矿灯灯头插入插座顺时针旋转 180°,使矿灯灯头下部的充电触点压紧弹簧片。

(3) 矿灯充满电后会自动转入涓流状态,显示板红灯灭,绿灯亮,这表示电池已充满。此时矿灯方可随时取下使用。

(4) 充电开始或充电 8 h 后,若显示板出现红、绿灯交替闪烁,说明该矿灯可能有问题,应及时取下矿灯进行原因分析,以便及时发现和解决问题。

(5) 观察矿灯架的外部嵌入式计算机控制板,若其显示不正常,及时维修或更换。

(6) 在日常的维护中应经常清理充电座弹簧片,使其与灯头正极保持良好接触。

4.3　自救器日常维护检修方法

自救器日常维护检修方法如下:

(1) 定期检查自救器的完好情况。外壳或封条损坏的自救器,应立即停止使用,更换完好的自救器。

(2) 对皮套损坏的自救器,应及时更换皮套。

(3) 每季度必须对自救器的气密性进行一次检查,气密性检查不合格的不得发放和使用,并在台账做好详细记录。

5 井上供电设备日常维护检修方法

井上供电系统为矿井所有生产系统提供电源，其是否安全可靠运行将直降影响矿井所有生产。供电系统可靠运行的直接因素就是供配电设备检修质量。为保证供配电设备检修质量，必须规范设备检修制度。本章主要介绍井上供电设备日常检修及维护方法。

5.1 高压开关柜日常维护检修方法

5.1.1 检查内容

(1) 检查在运行状态下开关柜整体有无异常气味、声音。

(2) 检查操作控制机构是否处于正确的连接和断开位置。

(3) 检查指示灯是否有损坏，其指示是否正确。

(4) 检查断路器的状态与智能开关显示器状态是否一致，以及智能开关显示器状态与微机监控画面的显示状态是否一致。

5.1.2 定期检查

(1) 检查开关柜外部是否有损坏，是否有污染物。

(2) 检查开关柜操作是否灵活。

(3) 检查导电部分有无显著的过热及电晕、放电等现象。

(4) 检查绝缘瓷件有无开裂、损坏、变形，有无杂质或灰尘积聚。

(5) 检查所有固定连接螺栓的紧固情况和转动部分的润滑情况，注意各部分有无锈蚀或脱落。

(6) 检查所有接地线是否牢固，标志是否明显，有无断接损伤。

(7) 检查开关柜内元件是否有损坏，能否正常工作。

(8) 检查开关柜连锁装置是否可靠，其动作顺序是否正确，其限位开关有无任何异常。

5.1.3　检修周期和检修内容

5.1.3.1　检修周期

小修：每年一次。

大修：每五年一次。

5.1.3.2　检修内容

(1) 小修内容

① 清扫开关柜、清除绝缘子表面污垢。

② 紧固端子和连接固定螺栓。

③ 清扫母线，检查其连接点接触是否良好，其固定是否牢靠。

④ 检查更换损坏的绝缘子。

⑤ 检查修理接地线。

⑥ 检查修理开关柜内元器件、二次回路的整理固定、断路器和操作机构。

(2) 大修内容

① 包括小修内容。

② 开关柜内外构架重新刷漆。

③ 开关柜内所有电器元件检查、修理及更换。

④ 二次回路检查，重新配线。

⑤ 检查开关柜及构件有无变形及损坏，进行修复、更换和重新安装。

⑥ 检查母线有无变形、支撑是否牢固，检查其接触面的情况。

⑦ 断路器及操作机构进行大修。

5.1.4　检修质量标准

操作机构检修调整合格后应进行试操作。当手柄操作到达终点时，地刀及断路器小车也应该到达相应的合闸或位置终点；若未达到终点，则应检查绝缘挡板，并再次调整操作机构。

5.1.5　试运行与验收

5.1.5.1　试运行前的准备工作

① 柜内所有安全措施撤出。

② 各种检修记录、票据交接完成。

③ 确认线路及设备检修人员全部撤离。

④ 操作人员、检修人员到位。

⑤ 工器具准备齐全。

⑥ 操作运行人员穿戴好劳动保护用品。

⑦ 资料准备齐全。

5.1.5.2 试运行

① 开关在试验位置且在分闸状态,二次插头已插好,储能电源已送上,储能系统工作良好,无异常报警,送上加热电源和照明。

② 送上控制电源,投入保护。

③ 检查接地刀闸的确在分位。

④ 智能状态显示仪、表计指示正常,无异常声响。

⑤ 按照操作票、命令等逐项操作。

5.1.5.3 验收

按照下列标准进行验收。

(1) 操作机构线圈及储能电机完好,柜内整洁、接线规范。

(2) 操作机构的动作情况、触头接触情况符合要求及弹簧伸张正常。

(3) 开关柜附带的保护、指示、仪表等装置齐全。

(4) 大修后,绝缘电阻不应低于 2 MΩ。

(5) 进行辅助回路和控制回路交流耐压试验,试验电压为 2 kV。

(6) 断路器速度特性,应符合制造厂规定。

(7) 断路器的合闸时间、分闸时间和三相分、合闸同期性,应符合制造厂规定。

(8) 断路器、隔离开关及隔离插头的导电回路电阻应符合制造厂规定,其电阻在运行中应不大于制造厂规定值的 1.5 倍。

(9) 操动机构分、合闸电机线圈的最低动作电压应符合要求。

(10) 接线接地检查接线正确、接地可靠牢固。

(11) 二次接线准确、连接可靠、标志清晰、绝缘合格。

(12) 油漆及相色油漆完整、相色正确。

(13) 柜内遗留孔洞已全部封堵。

5.2 低压开关柜日常维护检修方法

5.2.1 低压开关柜检修

5.2.1.1 检修周期

每1～3年至少检查1次。

5.2.1.2 检修内容

(1) 清扫柜内外设备的灰尘、污物。

(2) 检查各接触部位螺栓紧固情况,有无过热、放电痕迹。

(3) 检查主回路元器件、继电器、保护模块、测量仪表及二次回路的完好情况。

(4) 检查防误连锁装置的性能和动作情况。

(5) 检查抽屉式配电柜和手车式配电柜的抽屉、手车动作情况。

(6) 检查照明装置的完好情况。

(7) 检查接地装置的完好情况。

(8) 检查低压配电柜内部防火隔离设施的完好情况。

(9) 检查低压配电柜内各支持绝缘子的完好情况。

(10) 修理、更换损坏的零部件;检查各配出回路和二次回路绝缘情况。

(11) 检查柜内元器件耐压情况。

(12) 进行保护设备整组试验。

5.2.1.3 检修质量标准

(1) 柜内无灰尘、无杂物。

(2) 盘、柜本体及盘、柜设备各部件安装牢固。电气连接部分连接可靠,接触良好。

(3) 柜内电器元件的检修按相应标准执行且完好。

(4) 电流试验柱及切换压板应接触良好。

(5) 信号回路的信号灯、光字派、电铃、事故蜂鸣器等应显示准确,工作可靠。

(6) 仪表指示范围正确、清晰。

(7) 手车、抽屉推拉应轻便灵活,无卡阻碰撞现象。

(8) 动、静触头中心应一致,接触紧密良好;手车推入工作位置后,动触头顶部与静触头底部的间隙应符合产品技术要求。

(9) 二次回路辅助开关的切换接点应动作准确,接触可靠。

(10) 二次回路的插头、插座应完好无损。

(11) 防误闭锁装置应动作正确可靠。

(12) 安全隔离板应开启灵活，随手车的进出而相应动作。

(13) 手车、抽屉与柜体间的接地触头应接触紧密，当手车、抽屉推入柜内时，其接地触头比主触头先接触，拉出时相反。

(14) 盘、柜的接地应牢固良好，装有电器可开闭的门，应以软线与接地的金属构架可靠连接。

(15) 柜内照明装置齐全好用。

(16) 手车柜内电加热器完好。

(17) 端子板应无损坏，固定可靠，绝缘良好。

(18) 盘、柜上的各元器件、小母线、端子排等应清晰标明名称、编号，且必要时标明用途及操作位置。

(19) 盘、柜油漆应完整良好。

5.2.2 低压开关柜日常检查

5.2.2.1 检查周期

维护检查周期，每班至少检查 1 次。在环境恶劣场所或当气候异常时，应适当增加检查次数。

5.2.2.2 检查质量标准

(1) 各种仪表应指示正确、显示清晰、表面清洁无灰尘。

(2) 各元件及接头无发热、变色及氧化现象。

(3) 绝缘部件及端子排等应完整清洁，无裂纹和放电痕迹。

(4) 显示开关分合闸的指示应正确。

(5) 盘、柜的永久性接地线应牢固可靠。

(6) 各连杆销子、转轴应齐全，无松动脱出。

(7) 各设备、元件运行应正常，无异声和异味。

(8) 灯光、音响、语音报警等设备反应应灵敏、正确。

5.3 油浸式变压器日常维护检修方法

5.3.1 定期检查周期

主电力变压器及重要用途电力变压器：每月至少检查 1 次；其他电力变压

器:每月检查1次。

5.3.2　定期检查内容

(1) 检查变压器油箱及油箱沿的发热是否正常。

(2) 检查外壳接地线及铁芯经小瓷套管接地的引下线是否完好可靠。

(3) 检查净油器及其他油保护装置的工作状况是否良好。

(4) 检查有载分接开关机械传动部分动作是否灵活。

(5) 检查电气控制部分是否灵敏可靠,有无拒动、误动或"连发"不停现象。

(6) 检查通风机是否经常处于完好状态。

(7) 检查强油循环冷却系统的备用机组能否随时启动运行。

(8) 检测变压器引出线连接点的运行温度。

(9) 检查室内变压器的通风设备是否完好。

(10) 检查变压器的环境卫生及消防用具是否合格。

5.3.3　净油器的维护

在净油器运行中应定期从净油器及变压器的油样活门分别取出油样做耐压试验。若两油样耐压值已无显著差异,且耐压强度偏低,则应更换或再生其中的吸收剂(硅胶或活性氧化铝)。

5.4　高压开关柜试验

5.4.1　主回路的绝缘试验

5.4.1.1　连接方法

进行工频电压试验时,试验变压器的一端应与开关柜的外壳相连。在进行隔离断口工频电压试验时,外壳应与地绝缘。

5.4.1.2　试验电压

不同部位试验电压按表1-5-1中的规定选取。

表 1-5-1　不同部位试验电压

额定电压/kV	工频耐受电压/kV	
	相对地及相间	隔离断口间
3.6	24	26
7.2	32	36
12	42	48
24	50	65
40.5	95	118

注：隔离断口指隔离开关、带隔离开关的负荷开关的断口、移开式开关设备中的上下静触头间，以及断路器用作分段联络时的断口。

5.4.1.3　施加电压的时间

相关设备应该按表 1-5-1 所示的承受短时工频耐受电压进行试验。每次试验状况时，应该把试验电压升到试验值并维持 1 min。

5.4.2　辅助和控制回路的绝缘试验

5.4.2.1　连接方法

将辅助回路和控制回路连接在一起。试验电压加在它和接地骨架之间。若有可能，在正常使用中把其他部分绝缘的每一部分回路作为一极，其他部分连至接地骨架作为另一极，电压加于两者之间。

5.4.2.2　试验内容

试验电压为 2 kV，持续时间为 1 s。若各次试验无击穿放电现象，则为合格。

5.4.2.3　试验注意事项

（1）对于辅助回路和控制回路中的电动机和其他设备，其试验电压与回路相同。若这些元件确已按规定的技术条件进行过试验，在试验时可从回路中拆开。

（2）辅助回路和控制回路中使用电子器件时，可根据制造厂与用户之间的协议采用不同的试验程序和耐压值。

（3）电流互感器的二次侧应短接并与地断开，电压互感器的二次侧应断开。

5.4.3　主回路电阻测量

（1）跨越设备接通的主回路所测得的电阻值应符合表 1-5-2 中的规定。

若其符合规定，则表明电流通路满足固有的正常状况。

表 1-5-2　跨越设备接通的主回路的电阻规定

额定电流/A	电阻值/μΩ	
	主回路	可移开部件组(含断路器、隔离手车)
630	250	30
800	150	20
1 000	120	20
1 250	100	18
≥2 500	80	15

(2) 主回路电阻值的测量点，应自设备内的一次进线端至电流互感器出线端。

(3) 试验电流应取 50 A 到额定电流之间的任一方便的值(推荐值为 100 A)。

5.4.4　机械操作试验和机械特性测量

5.4.4.1　机械操作试验

5.4.4.1.1　开关装置和可移开部件操作试验

(1) 开关装置在主回路不通电的情况下，其动作装置应按规定的操作电源电压范围内进行合、分各 5 次的操作；在上述动作过程中，其动作不应有卡滞的现象，其动作应符合相关技术要求的规定。

(2) 可移开部件应插入和移开各 5 次，相同规格的单元互换操作各 5 次；在上述动作过程中，其动作不应有卡滞的现象，其动作应符合相关技术要求的规定。

5.4.4.1.2　连锁装置操作试验

连锁装置应对整个的工作过程进行 5 次的循环操作；在试验进行中应施加正常的操作力，其动作应符合以下规定：

(1) 防止带电负荷分、合隔离开关隔离插头，即在断路器合闸状态下不能分、合隔离开关隔离插头。

(2) 防止误分、误合断路器、负荷开关、接触器(允许提示性)，即在隔离开关处于半分离状态、手车处于进出位置的中途不能分合断路器、负荷开关和接触器。

(3) 防止接地开关处于闭合位置时,关合断路器、负荷开关等。

(4) 防止带电时误合接地开关,即在主回路带电的情况下不能合接地刀。

(5) 防止误入带电隔室,即在主回路带电的情况下不能进入带电隔室。

5.4.4.1.3　特殊组合装置时机械操作试验

当装有负荷开关(或接触器)、熔断器组合电器采用可移动式绝缘隔板时,除满足第5.4.4.1.1和5.4.4.1.2节规定外,还必须满足以下要求:

(1) 只有当负荷开关(或接触器)在断开位置时才能合上接地开关。当接地开关合上后才能将绝缘隔板插入(或插入负荷开关动、静触头之间)。

(2) 只有当接地开关合上、绝缘隔板已插入到位后,柜门才能打开或关闭。

(3) 只有当柜门关闭到位时,绝缘隔板才能抽出、接地开关才能分开。

(4) 当绝缘隔板已抽出、接地开关分开后,负荷开关(或接触器)才能实现合闸操作。

5.4.4.2　机械特性测量

主回路中所装的开关装置均应在其规定的操作条件下测量其特性参数,其参数需符合技术文件的规定。操动机构与开关连体的装置可免做此项试验。

5.4.5　通电操作检验

5.4.5.1　各种回路通电操作试验

根据客户提供的文件、结合本厂的设计,对设备内的各种回路进行模拟通电试验,其动作过程及显示等项目应符合相关文件要求;凡可动作的回路需经5次的连续动作,且以不出现异常为合格。

5.4.5.2　具有预定操作顺序的控制装置通电操作试验

具有预定操作顺序的控制装置与电气及其他装置连锁在一起时,应在辅助电源最不利的限值下,按规定的使用和操作条件连续动作5次,在试验过程中不得有调整。其具体的电源参数及状态应符合以下规定:

(1) 操动装置额定电源电压在85%～110%(AC)或80%～110%(DC)范围内应可靠合闸。

(2) 操动装置额定电源电压在65%～120%(DC)或85%～120%(AC)范围内应可靠分闸。

(3) 操动装置额定电源电压在其值的30%时,不应分闸。

（4）当装有欠压脱扣器时，其端子电压降到（即便是缓慢地和逐渐地降到）它的额定电压的35%以下时，它应该动作使开关装置分闸。当端子电压大于它的额定电压的65%时，它不应使开关装置分闸；当欠压脱扣器端子电压等于或大于它的额定电压的85%时，开关装置应能合闸。当端子电压低于它的额定电压的35%时，开关装置应不能合闸。

试验后，若它们应仍处于良好的工作状态，则认为通过了试验。

5.4.6　保护插件动作试验

5.4.6.1　保护插件动作试验方法

保护插件动作试验主要分为两种：一种是直接加大电流于电流互感器一次侧，直接进行检测；另一种是由于定值较大，可在电流互感器二次侧加二次电流值进行检测，但同时需要对电流互感器进行变比检测，检测其变比是否满足要求。

5.4.6.2　保护插件动作试验注意事项

（1）加设大电流时，一定要注意设备接地，避免施工人员触电。

（2）在试验过程中必须佩戴相应绝缘等级的绝缘用具。当试验数据接近定值时，应降低数值增加速度，以保证试验结果的准确性。

5.5　低压开关柜试验

5.5.1　通电操作检验

根据设备的相关资料，应进行通电操作试验。试验前需认真检查设备内部接线，确认所有接线正确无误后，再通以设计规定的电压不少于3次动作。试验的结果是所有电器元件的动作顺序、电气功能等应符合设计要求。

5.5.2　功能单元互换性试验

（1）相同规格的抽出式功能单元应具有互换性。试验时应用各种规格的功能单元在其相应规格的其他单元隔室中各抽插2次。

（2）检查电气间隙和爬电距离。设备内电器元件、带电零部件之间的布置，其电气间隙和爬电距离应不小于表1-5-3的规定。

表 1-5-3 电气间隙和爬电距离规定值

额定绝缘电压 U_i/V		电气间隙/mm		爬电距离/mm	
		63 A 及以下	>63 A	63 A 及以下	>63 A
辅助回路	$U_i \leqslant 60$	3	5	3	5
	$60 < U_i \leqslant 300$	5	6	6	8
	$300 < U_i \leqslant 660$	8	10	10	12
主回路		20	20		

(3) 功能单元处于分离位置时，它的主电路接插件裸露带电部件与垂直母线或静触头的隔离距离应不小于 20 mm；即使在机械操作试验后也应保持此距离。

5.5.3 介电强度试验

5.5.3.1 试验电压值、时间及结果

(1) 设备中主电路和主电路直接连接的辅助电路的额定绝缘电压应保证在表 1-5-4 所列条件下，能够承受交流正弦波 50 Hz 试验电压(有效值)施加 1 s 而无击穿或闪络现象。

表 1-5-4 试验电压

额定绝缘电压 U_i	试验电压
$U_i \leqslant 60$	1 000
$60 < U_i \leqslant 300$	2 000
$300 < U_i \leqslant 660$	2 500
$660 < U_i \leqslant 800$	3 000
$800 < U_i \leqslant 1\ 000$	3 500
$1\ 000 < U_i \leqslant 1\ 500$	3 500

注：对不能承受上述试验电压值的电器元件，在进行试验时应拆除，但必须根据电气元件本身的标准规定进行个别试验。

（2）设备中不与主电路直接连接的辅助电路应能承受表 1-5-5 中规定的交流正弦波 50 Hz 试验电压施加 1 s 而无击穿或闪络现象

表 1-5-5　试验电压

额定绝缘电压 U_i	试验电压（有效值）
$U_i \leqslant 12$	250
$12 < U_i \leqslant 60$	500
$60 < U_i$	$2U_i + 1\,000$ 但不小于 1 500

5.5.3.2　试验电压施加部位

试验电压施加部位包括带电部件与框架（含安装板）之间，主电路各相之间，抽出式部件的导电体与壳架、插头与插座、插座部件的进线和出线端之间，主电路与辅助电路之间。

5.5.3.3　保护措施和保护电路的检查

验证设备的各导电部件是否有效地连接在保护电路上，使设备应有可靠的保护接地措施，其接地电阻值应不大于 0.1 Ω。试验至少在下列部位进行：

（1）主保护导体与各门锁（或把手）之间；主保护导体与互感器中性点之间；主保护导体与断路器安装支架之间；主保护导体与端子排安装支架之间。

（2）设备金属结构上必须有主接地点，在主接地点附近应标志接地符号。接地螺钉（或螺母）同保护导体（设备壳体及骨架）的连接能力应等于相导线截面面积的一半，但不得小于 16 mm^2，最大的不超过 50 mm^2（铜导线）。

（3）设备上所有门应设有接地点，并用导线与壳体相连接。其导线截面面积应不小于 6 mm^2。

5.6　油浸式变压器试验

5.6.1　试验项目

（1）测量绕组的直流电阻。

（2）检查所有分接头的电压比。

（3）检查变压器的三相接线组别和极性。

（4）测量与铁芯绝缘的各紧固件及铁芯的绝缘电阻。

(5) 测量绕组的绝缘电阻。

(6) 进行绕组的交流耐压试验。

5.6.2 试验仪器

试验仪器主要包括 2 500 V 摇表，20 A 变压器直流电阻测试仪，全自动变比组别测试仪，50 kV、100 mA 试验操作台。

5.6.3 试验前准备工作

(1) 全面清扫变压器，保证变压器被擦拭干净。

(2) 编制试验方案并审批。

(3) 试验前通知相关负责人并取得同意。

(4) 试验设备准备齐全，试验出厂报告齐全。

(5) 试验人员能熟练操作试验设备。

(6) 试验电源到位且满足相关容量要求。

5.6.4 试验方法

5.6.4.1 用变压器直流电阻测试仪测量绕组的直流电阻

用变压器直流电阻测试仪测量绕组的直流电阻，应符合下列规定：

(1) 测量应在各分接头的所有位置上进行。

(2) 对于 1 600 kV · A 及以下三相变压器，各相测得的电阻值的相互差值应小于电阻平均值的 4%，线间测得的电阻值的相互差值应小于平均电阻值的 2%；对于 1 600 kV · A 以上三相变压器，各相测得的电阻值的相互差值应小于电阻平均值的 2%，线间测得的电阻值的相互差值应小于电阻平均值的 1%。

(3) 对于变压器的直流电阻，与同温下产品出厂实测数值相比较，其相应变化不应大于 2%。

5.6.4.2 用变比自动测试仪检查所有分接头的电压比

用变比自动测试仪检查所有分接头的电压比。与制造厂铭牌数据相比，其应无明显差别，且应符合电压比的规律。

注意："无明显差别"可按如下考虑：

(1) 对于电压等级在 35 kV 以下、电压比小于 3 的变压器，其电压比允许偏差不超过±1%。

(2) 其他所有变压器额定分接头下的电压比允许偏差不超过±0.5%。

(3) 其他分接变压器的电压比应在变压器阻抗电阻值的0.1%以内，但不得超过±1%。

5.6.4.3　用变比自动测试仪检查变压器的三相接线组别和极性

用变比自动测试仪检查变压器的三相接线组别和极性，必须与设计要求及铭牌上的标记和外壳上的符号相符。

5.6.4.4　测量与铁芯绝缘的各紧固件及铁芯的绝缘电阻

测量与铁芯绝缘的各紧固件及铁芯的绝缘电阻应符合以下规定：

(1) 进行器身检查的变压器，应测量可接触到的穿心螺栓、轭铁夹件及绑扎钢带对铁轭、铁芯及绕组压环的绝缘电阻。当轭铁梁及穿心螺栓一端与铁芯连接时，应将连接片断开后进行试验。

(2) 不进行器身检查的变压器或进行器身检查的变压器，所有安装工作结束后应进行铁芯和夹件(有外引接地线的)的绝缘电阻测量。

(3) 采用2 500 V摇表测量，持续时间为1 min，应无闪络及击穿现象。

5.6.4.5　测量绕组的绝缘电阻

用2 500 V摇表测量绕组的绝缘电阻。

5.6.4.6　进行绕组的交流耐压试验

进行绕组的交流耐压试验时，试验耐受电压标准为出厂试验电压的80%。根据出厂试验值的80%计算出耐压标准值。

5.6.5　试验安全措施

(1) 保证试验中该接地的试验设备可靠接地。

(2) 保证该接地的被试品的部位接地。

(3) 试验人员戴安全帽，穿绝缘鞋。

(4) 对试验区域进行安全隔离，设置警示标志。

(5) 试验完毕对变压器档位进行恢复。恢复到变压器运行档位时，再次测量变压器直流电阻，以确认接触良好。

6 矿井主排水泵日常维护检修方法

6.1 水泵日常维护检修方法

6.1.1 安装

6.1.1.1 安装前准备工作

(1) 检查水泵和电机。

(2) 检查设备和基础。

6.1.1.2 安装顺序

(1) 整套水泵运到现场(附带底座已装好电动机)。找平底座时不必卸下水泵和电机。

(2) 把平尺放在联轴器上,检查水泵轴心线与电机轴心线是否重合;若其不重合,则在电动机或泵的脚下垫以薄铁片,使两个联轴器外圆与平尺相平,然后取出垫的几片薄铁片,用经过刨制的整块垫来代替,并重新检查安装情况。为了检查安装的精度,在几个相反位置用塞尺测量两联轴器平面间隙,联轴器平面一周上最大和最小间差数不得超过 0.3 mm,两端中心线上下或左右的差数不得超过 0.1 mm。

6.1.2 启动及停止

(1) 转动联轴器,证实转子部件转动轻松均匀。

(2) 检查轴承体内是否有润滑油。吐出端轴承为油润滑,轴承体(简称后轴承体)采用带冷却水腔结构,外接冷却水,由冷却水将多余热量带走,保证轴承温升在正常范围内;吸入端轴承为脂润滑,轴承体(简称前轴承体)该轴承体为普通轴承体。开车前要检查后轴承体内的油位高度,如果缺油从注油口处注油,油位到达油标的刻度线为止。

(3) 检查电机旋转方向是否正确。

(4) 往泵内注水或用真空泵引水。

(5) 卸掉防护帽并松开调整螺母,将转子推向进水端。

(6) 上述过程完毕后,启动电机。

(7) 当水泵以正常转数运转时,压力计显示适当压力,然后逐渐打开排水管路上的闸阀,直到需要压力为止。

(8) 该泵是自平衡、自定位型的无窜量多级泵。水泵在允许的额定参数范围内平稳运行后,将后轴承体的内侧调整螺母与轴承体拧到刚好贴合(或留5至10道间隙)并用后面的调整螺母将前面的调整螺母锁紧。然后装上防护帽。水泵即可正常运行。

(9) 因水泵运行参数变化,当轴承温度超过50 ℃时,需要重新调整。即,将后轴承体的内侧调整螺母与轴承体拧到刚好贴合(或留5至10道间隙)并用后面的调整螺母将前面的调整螺母锁紧。

(10) 当停止水泵时,要慢慢地关闭排水管路上的闸阀,关闭真空表旋塞,并停止电机,然后关闭压力表旋塞。

(11) 长期停止使用水泵时,水泵应拆卸开,浆泵零件的水擦干,在滑动面上涂以防锈油并妥善保存。

6.1.3　保养与检查

(1) 该泵润滑脂或润滑油的更换时间:后轴承体润滑油第一次更换时间为200 h时,以后每500～800 h更换一次;前轴承体润滑脂第一次更换时间为300 h,以后每1～3个月更换一次。

(2) 该泵后轴承体冷却水需保持畅通,若缺水、断水则应停机检查。

(3) 该泵轴承温度不得超过75 ℃,超过该温度时该泵停止使用。

(4) 在该泵运转过程中,当发生噪声或异常的声音时,应立即停车检查其原因。

(5) 注意事项:

① 检查轴承体冷却进水管、轴承体冷却回水管、机封冲洗进水管、阀门、过滤器、平衡水管是否接好,应保证不能漏气且水流畅通。

② 检查电机联轴器和泵联轴器是否同心。

③ 检查后轴承体(出水端)油位高度。油位应在油标中心位置(看油位应提前半小时注油)。进水端轴承为脂润滑。对于MD型普通轴承体,出厂前应已加润滑脂。

④ 检查出水端轴承体调整螺母是否退出轴承支架盖端面 8～10 mm。

⑤ 检查水泵转子转动是否轻松灵活。

⑥ 安装电机联轴器和泵联轴器柱销前检查电机转动方向和泵所标转动方向是否一致。

⑦ 平衡盘与平衡环贴上时电机联轴器和泵联轴器间距应为 6～8 mm。

⑧ 若用泵内水给轴承体冷却,机封冲洗,则开泵前在确定泵内水抽满时,抽真空时间再延长一段,以确保机封腔内有水。

⑨ 若用外接水给轴承体冷却,机封冲洗,则应在开泵前给泵加水,并保证泵运行时水不能断流,外接水压力应在 0.5 MPa 以上。

⑩ 保证真空表、压力表准确无误。

⑪ 保证各阀门转动灵活,进水无堵塞状态,出水畅通。

⑫ 水泵运行后检查轴承体冷却进水管、轴承体冷却回水管、机封冲洗进水管、平衡水管,前后轴承体等温度变化,并且确定各水管无堵塞。若平衡水管发热,则该泵应立即停止使用。若不立即停止该泵运行,则其后果是平衡盘与平衡环、密封环与叶轮、机封等件损坏,导致泵报废,并且在现场无法修复。

⑬ 调整平衡盘与平衡环间隙(自平衡)。前提条件:(a) 在泵运行状态下。(b) 运行 20 min 以后。(c) 两调整螺母拧紧时。这时调整螺母与轴承支架盖端面之间为 0.05～0.1 mm。

⑭ 每周查看一次。当轴承体发热超过 50 ℃时,需重新调整。

6.2 管路日常维护检修方法

管路日常检查内容如下:

(1) 检查管道的法兰,焊缝有否泄漏。

(2) 检查管道之间,管道与相邻物件有无摩擦。

(3) 检查管道的腐蚀、磨损情况。

(4) 检查吊卡的紧固、管道支架的腐蚀和支承情况。

(5) 检查阀门操作机构的润滑和防护是否良好。

(6) 检查管道、阀门的防腐层、保温层是否完好。

管路日常检查完后,记录检查结果。若管路有不正常现象,则应及时报告并采取措施进行处理。

6.3　硐室与设施日常维护检修方法

（1）硐室和电缆沟内清洁卫生，做到无杂物、无灰尘、无油垢、无积水。

（2）电缆沟内电缆排列整齐，不锈蚀。

（3）硐室内照明适度，光线充足；线路整齐，有电话直通矿调度室。

（4）硐室内有专用工具，防护用具齐全，有足够的灭火器材。

7 原煤线设备日常维护检修方法

7.1 带式输送机日常维护检修方法

带式输送机靠摩擦传动运输物料。在运转过程中应正确使用带式输送机。应做好带式输送机日常保养维护工作。

7.1.1 带式输送机开车前检查

开车前应检查所有螺栓的松紧，调整好胶带的松紧，特别在开始使用的前半个月应每天检查胶带的松紧并随时予以调整，胶带松紧程度以胶带在滚筒上不打滑为准。

7.1.2 输送带

（1）使用一段时间后，输送带会松弛，此时应调整拉紧螺杆或配重砣。

（2）输送带心体外露时，应及时修补。

（3）输送带心体锈蚀、断裂、腐蚀时，应报废已坏区段。

（4）经常检查输送带接头部位是否有异常情况。

（5）经常检查输送带的上下胶面是否有磨损处，胶带是否有半边摩擦现象。

（6）当输送带损坏严重需更换时，较长输送带的敷设一般可采用以旧胶带拖带新胶带的方法。

7.1.3 制动器

（1）制动器在驱动装置处，易沾染油污。为不影响其制动效果，应及时清理其附近的油污。

（2）制动轮出现裂纹、制动轮的轮缘厚度磨损达到原厚度的40％时，应做报废处理。

7.1.4　滚筒

（1）焊缝处出现裂纹时，应及时修复，检测合格后方可使用。

（2）包胶层老化龟裂时，应及时更换包胶层。

7.1.5　托辊

库存应有备件。当托辊转动不灵活或筒皮磨穿时，应及时更换。

7.1.6　清扫器

（1）清扫刮板露出高度低于 20 mm 时，应及时调整或更换。

（2）清扫刮板与胶带接触不良时，应调整至与滚筒母线均衡接触长度达 85%以上。

7.1.7　拉紧螺杆

（1）拉紧螺杆不使用时，应涂以润滑脂，并用纸包住，以免落入灰尘。

（2）拉紧螺杆锈蚀无法转动时，应予以更换。

7.1.8　减速机

（1）应经常检查减速机内的油量。

（2）减速机应半年小修一次，两年大修一次。小修包括更换润滑油，检查传动齿轮的状况及滚动轴承处的密封等。大修除包括小修内容外，还应解体拆卸全部零件进行检查、修理或更换。特别是传动齿轮出现下列情况之一时，应做报废处理：① 出现裂纹；② 齿面点蚀达啮合面的 30%且深度达齿厚的 10%；③ 第一级啮合齿轮齿厚磨损达齿厚的 10%，其他级齿轮磨损达原齿厚的 20%。

（3）更换减速机或其中部分齿轮，其润滑油运转 500 h 后，应再全部更换新油。

（4）对于长期连续工作的减速机，必须 3 个月换油一次；若在使用中发现温升超过 60 ℃或油温超过 85 ℃，必须更换润滑油。

7.2　给煤机日常维护检修方法

（1）检查电机温度是否正常、有无杂音；基础螺栓是否松动、转动是否轻盈。

（2）检查设备运转是否正常、有无异响；连接部位有无松动现象。

（3）检查给煤板磨损是否超限；固定是否可靠、紧固。

（4）检查给煤机护板磨损是否超限；固定是否可靠、紧固。

（5）检查设备电压、电流是否正常；各种保护装置是否可靠；接地是否良好；各个接线点是否牢靠；按钮是否灵活。

7.3 滚轴筛日常维护检修方法

（1）检查轴承有无损坏、转动是否灵活、温度是否正常、框架是否牢固。检查轴承底座连接是否可靠；螺栓是否松动、有无裂痕。

（2）检查减速机温升是否正常，有无异响、漏油，油位是否正常。

（3）检查传动链条连接处是否连接可靠；链条是否完好、有无缺损；有无缺油。

（4）检查设备运转是否正常、有无卡轴现象。检查滚动轴有无变形。检查滑块磨损是否超限；转动是否灵活。

（5）检查挡煤板是否固定可靠、磨损是否超限、有无漏煤现象、有无变形。

（6）检查设备电压、电流是否正常；各种保护装置是否可靠；接地是否良好；各个接线点是否牢靠；按钮是否灵活。

7.4 破碎机日常维护检修方法

（1）检查电机温度是否正常、有无杂音；基础螺栓是否松动，转动是否轻盈，连接处是否可靠。

（2）检查减速机温升是否正常、有无异响、漏油，油位是否正常。

（3）检查破碎机运转是否正常、有无异响、有无卡轴现象。

（4）检查螺栓齿板连接是否可靠、紧固。

（5）检查齿牙磨损是否超限、有无断齿。

（6）检查内外齿圈是否完好、齿圈有无裂痕、连接是否紧固牢靠。

（7）检查齿轮内是否缺油、有无其他异响。

（8）检查设备电压、电流是否正常；各种保护装置是否可靠；接地是否良好；各个接线点是否牢靠；按钮是否灵活。

7.5　刮板输送机日常维护检修方法

7.5.1　刮板输送机的维护

7.5.1.1　巡回检查次数

巡回检查一般是在不停机的情况下进行,每班巡回检查次数应不少于2～3次。

7.5.1.2　巡回检查内容

(1) 易松动连接件的紧固情况。

(2) 发热部位(如轴承)的温升情况,温升是否超限。

(3) 各润滑部位的润滑状况,油量是否适当。

(4) 各运动部件是否有异响。

7.5.1.3　巡回检查内容

巡回检查的方法一般是看、摸、听、嗅、试、量。

(1) 看是从外观检查。

(2) 摸是用手感触其温度。

(3) 听是对其运行声音进行辨别。

(4) 嗅是对其气味进行辨别。

(5) 试是对安全保护装置灵敏可靠性进行试验。

(6) 量是用量具和仪表对机件做必要的测量。

7.5.2　刮板输送机的定期检修保养

7.5.2.1　日检

日检除包括巡回检查的内容外,还需重点进行以下几项内容:

(1) 更换磨损和损坏的链环、连接环、刮板。

(2) 处理减速器和液力耦合器的漏油现象。

7.5.2.2　周检

周检除包括日检的内容外,还需重点检修的项目如下:

(1) 检查机头架和机尾架有无变形和损坏情况。

(2) 检查固定减速器的底脚螺栓和液力耦合器的保护罩两端的连接螺栓

紧固情况。

(3) 通过电流表测量观察液力耦合器的启动是否平稳,各电机之间的负荷分配是否均匀。

7.5.2.3 月检

月检除包括周检的内容外,还需检修的内容如下:

(1) 检查减速器内的油质是否良好,油量是否合适,轴承、齿轮的润滑情况和各对齿轮的啮合情况是否正常。

(2) 测量电动机绝缘,检查就地开关情况。

(3) 检查电动闸门及滑道磨损情况。

7.5.2.4 季检

季检主要对一些较大、关键的机件进行更换和处理。季检除包括周检的内容外,还需检修的内容如下:

(1) 对联轴器、液力耦合器、链轮等进行检修更换。

(2) 对电动机、减速器进行较全面的检查和修理。

7.5.2.5 大修

(1) 对减速器、液力耦合器进行彻底清洗、换油。

(2) 检查电动机绝缘、三相电流平衡情况,并对电动机轴承进行清洗。

(3) 对损坏的机件进行修复、校正、更换。

8　污水处理站设备日常检修维护方法

污水处理站设备数量多,但主要以水泵类为主。在日常巡检及设备维修过程中,重点注意水泵的运行状态(流量、电压、电流)和机油的更换周期等项目。

8.1　潜水排污泵日常维护检修方法

(1) 每次开启时检查水泵电流、电压、流量是否正常;检查水泵入口处是否有杂物,若有杂物及时取出,防止水泵堵塞。

(2) 定期检查水泵的机械密封情况,如果损坏及时更换。

(3) 定期检查水泵泵体、电缆线有无破损,若有破损及时维修更换。

8.2　立式排污泵日常维护检修方法

(1) 每次开启前拨转电机风叶,确保叶轮无卡擦现象、转动灵活后再启动水泵。

(2) 每次水泵启动后检查水泵电流、电压、流量、运转声音是否正常。

(3) 定期检查水泵底座螺栓有无松动,泵体和管路有无破损。

(4) 定期检查水泵的机械密封情况,如有损坏及时更换。

8.3　渣浆泵(压滤机入料泵)日常维护检修方法

(1) 每次开启前拨转电机风叶,确保叶轮无卡擦现象、转动灵活后再启动水泵。

(2) 每次水泵启动后检查水泵电流、电压、流量、运转声音是否正常。

(3) 定期检查水泵底座螺栓有无松动。

(4) 定期更换减速机齿轮油,并每日检查油位是否正常。

(5) 每次启动水泵后检查水泵盘根处是否漏水,如果漏水及时更换。

(6) 定期检查水泵叶轮情况、泵体、管路有无破损。

8.4 絮凝剂加药箱日常维护检修方法

(1) 每次添加药剂前检查加药箱外壳、防腐层、供水、溢流管路是否正常。

(2) 在药品搅拌过程中检查搅拌机工作是否正常,是否存在偏心、转速不稳、叶片脱落变形等问题。

(3) 每次启动计量泵时检查计量泵流量与标尺刻度是否相符,定期检查计量泵地脚螺丝是否牢固。

(4) 每日清洗管道过滤器,防止管路堵塞。

(5) 每日检查注药管路与提升泵管路连接处,如果发现有滴漏现象马上更换管路。

(6) 每日检查加药箱内部药品溶液内有无杂物,若有杂物及时取出。

(7) 定期检查、更换计量泵齿轮油。

(8) 定期检查背压阀压力是否正常,并清理阀体内部杂物。

8.5 压滤机日常维护检修方法

(1) 每次压滤前检查压滤机滤板、滤布有无破损,若有破损则立即更换。

(2) 每日用高压水枪冲洗滤布,保证滤布整洁、通透率良好。

(3) 每日检查压滤机支架是否正常、检查液压油油位是否正常、检查高压油管是否正常。若发现问题及时维修更换。

(4) 每周检查压滤机各开关按钮和各项标志。

(5) 每日检查轨道润滑情况。及时补充润滑油。

(6) 每次放泥前检查拉板小车格挡、插销是否完好。在放泥过程中检查两个拉板小车是否同步。

(7) 每隔 3 个月更换压滤机液压油、每隔 5 个月更换一次压滤机滤布。

8.6 刮泥机日常维护检修方法

(1) 每日通过手动、自动控制刮泥机运行检查刮泥机行走电机、卷扬机电机、刮泥耙是否正常。

(2) 每日检查刮泥机限位开关、行程开关是否正常,如果不能正常工作立即更换。

（3）每周检查刮泥机的控制箱、防雨罩、导电线桥是否正常，发现问题及时维修。

（4）每月检查一次刮泥机行进轨道，发现变形、位移情况及时调整。

8.7　电磁流量计、电动蝶阀日常维护检修方法

（1）每日检查电磁流量计、电动蝶阀外壳是否完整，法兰连接是否完好，有无滴漏现象。

（2）每日检查电磁流量计转换器显示是否正常、积算仪显示数据是否与转换器一致。

（3）每日检查电动蝶阀开关是否灵活、到位，检查电动蝶阀的实际状态和机械指针、开度表、信号灯是否一致。

8.8　机械格栅日常维护检修方法

（1）每日检查机械格栅转动是否正常，是否存在刮擦、杂音的情况，发现问题及时维修处理。

（2）每日检查机械格栅耙齿是否完好，及时更换损坏耙齿。

（3）每日对机械格栅耙齿上的缠绕杂物进行清除，保证耙齿转动灵活。

（4）每月检查机械格栅两侧防水是否完整。如果其出现漏水现象，及时封堵。

8.9　罗茨鼓风机日常维护检修方法

（1）每日清理转子表面灰垢，检查各部位间隙。

（2）每日清洗检查轴承、轴套，清理气体过滤器，清洗检查润滑系统。

（3）定期调整胶带松紧或检查联轴器对中。

（4）定期检查轴承箱、齿轮箱油位，补充或更换润滑油。

（5）定期检查主轴、机壳、齿轮及前后墙板。

（6）定期清洗检查传动齿轮、调节齿轮及零部件。

（7）定期检查调整或更换各部位密封。

（8）定期校正机座水平和安全阀准度。

8.10 污水处理站日常巡检

污水处理站日常巡检见表 1-8-1。

表 1-8-1 污水处理站日常巡检

巡检地点	设备巡检内容
污水提升泵房	水泵流量是否正常、电机温度是否正常、水泵有无杂音、基础螺栓是否松动、转动部位是否轻盈；指示灯是否显示正常，电流与电压是否正常，继电器是否完好、动作是否灵敏，各部位螺栓是否紧固、端子板控制线路与配电线路是否完好、连接是否紧固；各项综保是否完好，线路及保护套是否完好。管道阀门连接处是否有滴漏
格栅机房	电机温度是否正常、有无杂音、基础螺栓是否松动、转动部位是否轻盈；减速机温升是否正常、有无异响、油位是否合适； 格栅钩运转有无卡阻现象；传动链条是否完好，连接是否紧固可靠，有无缺油现象；各护板是否完好
排泥管廊 A、B	水泵流量是否正常、电机温度是否正常、水泵有无杂音、基础螺栓是否松动、转动部位是否轻盈；线路及保护套是否完好； 管道阀门连接处是否有滴漏；各气动阀门开关是否正常、信号指示是否正常、分支器有无漏气现象；排泥管廊排水管路是否堵塞
压滤车间	渣浆泵、入料泵出口压力是否正常、电机温度是否正常、水泵有无杂音、基础螺栓是否松动、转动部位是否轻盈；泵内机油液位是否正常；管路连接部位有无跑冒滴漏现象；各阀门是否灵活可靠； 压滤机滤布、滤板是否正常；油缸压力是否正常、液压油液位是否正常；高压管路、各阀门是否正常； 输送带松紧是否合适、接口是否完好、有无跑偏现象、胶带有无裂痕或脱皮现象；托辊转动是否灵活，有无不转或缺少现象；机架是否完好、有无变形；固定是否牢靠、磨损是否超限；各个滚筒是否完好，连接是否紧固可靠，有无磨损超限
加药间	PAC、PAM 加药箱是否有漏药现象； 计量泵电机温度是否正常、流量调节旋钮是否灵活可靠、底部固定螺丝是否牢固、齿轮油油位是否正常； 搅拌机电机温度是否正常、叶片有无变形脱落、叶片转动速度是否正常； 管路过滤器是否堵塞、单向阀和背压阀是否正常；注药管路是否连接牢固、管路有无破损滴漏

表 1-8-1(续)

巡检地点	设备巡检内容
排泥泵房	排泥泵流量是否正常、电机温度是否正常、水泵有无杂音、基础螺栓是否松动、转动部位是否轻盈； 指示灯是否显示正常，各部位螺栓是否紧固、端子板控制线路与配电线路是否完好、连接是否紧固；各项综保是否完好，线路及保护套是否完好； 管道阀门连接处是否有滴漏；反冲洗管路是否完好、有无漏水现象，泵房地面有无积水、积泥
预沉调节池	刮泥机自动运行是否正常；手动前进、后退是否正常，手动起耙、落耙是否正常；导电线桥是否完好、两侧行走电机是否同步
鼓风机房	电机温度是否正常、有无杂音、基础螺栓是否松动、转动部位是否轻盈；盘根及管路连接部位有无漏风现象；各阀门是否灵活可靠；风压表显示是否正常；风机油位及油质是否正常
配电室	指示灯是否显示正常，控制柜显示的相应设备的电流与电压是否正常，热继电器是否完好、动作是否灵敏，各部位螺栓是否紧固、端子板控制线路与配电线路是否完好、连接是否紧固；各项综保是否完好，线路是否完好

9 主要通风机日常维护检修方法

维修工根据日常检查发现的问题，以及根据操作人员汇报的情况进行检修，或进行预防性维修。

9.1 正常运转时主要通风机维护检修

（1）检查轴承箱的油管路密封性。当配有油站时，应开启油泵，检查其有无漏油和渗油情况。

（2）检查轴承箱的油位控制，油位指示器没有窥视窗，用于就地观察油位，装在指示器内的浮子开关在最低油位时自动报警。必要时需注油。

（3）检查轴承箱轴承温度，轴承箱主轴上装有四只滚动轴承，即两只支撑轴承，两只推力轴承。

（4）检查轴承箱润滑油的更换，新风机使用 100 h 必须更换润滑油，以后每隔 4 000 h 更换一次。

（5）检查联轴器和传动轴是否完好；检查联轴器的找正精度，一般允许应在±0.03 mm 范围内。

（6）检查机壳中分面连接螺栓、地脚螺栓及联轴器连接螺栓等拧紧扭矩符合规定值。

（7）检查运转的平稳性，机械振动的极限值符合相关规定，当振动超过规定值，必须停机检查，排除故障。

（8）检查水柱计、电流表、电压表、轴承温度计等仪表是否齐全，其指示是否准确。

（9）定期按要求的牌号加入适量的润滑脂。

（10）定期查看电动机轴承盖，检查润滑脂。若其如变质老化，则要及时清理、更换新的润滑脂。

（11）检修电机需认真保护好防爆面和防爆密封罩的各种密封胶垫。

（12）定期检查设备锈蚀情况，喷涂防锈漆。按照主要通风机操作规程，对其进行保养维修。

(13) 定期检查通风机防爆环,不得有变形锈蚀。

(14) 检查风机正常运行中的噪声值,是否超过相关规定。

(15) 检查润滑站壳体无严重锈蚀。检查油管无破损、无漏油,油位是否正常、油压是否正常。

(16) 检查流线体有无严重锈蚀、变形及开裂。

9.2　正常停机时主要通风机维护检修

(1) 定期清除叶轮表面积灰,以免造成叶轮振动。整个叶轮必须清除煤尘,擦拭干净,并涂防锈漆。

(2) 检查风叶和导叶有无明显损伤或严重缺陷;检查叶片螺栓有无松动,变形。发现个别叶片有损坏时必须对其更换。更换的叶片必须是由原生产厂家提供且与旧叶片的质量相同。

(3) 叶片重新安装时,叶片必须对号入座,叶片安装角度应一致。

(4) 检查机壳有无严重锈蚀、开裂和变形。叶顶与机壳间隙均匀。

(5) 检查各风门是否严密,有无严重锈蚀及变形,有无严重漏风;是否开闭灵活可靠;牵引风门的钢丝绳应无锈蚀,并涂油防锈,断丝磨损不超过规定。

(6) 检查各风门绞车操纵灵活,完整可靠。传动齿轮磨损、点蚀不超过规定。

(7) 检查反风系统灵活完整,能在 10 min 内实现反风。

(8) 检查露在外面的机械转动部分和电气裸露部分是否加装护罩或遮拦。

(9) 风机连续运转 2 年至 3 年后,应进行一次大型检修。

检修内容如下:

(1) 更换润滑油。

(2) 将机壳上半部分吊出(注意:先卸下两侧围带)。检查叶片质量,可用低倍放大镜目测,或将叶片卸下采用着色法检查叶片有无裂纹,如发现裂纹应及时修复或换用新叶片。(注意:换装的新叶片的质量应与被换叶片的质量必须相等。)

(3) 拆卸轴承箱与机壳下半部的连接螺钉后,起吊风机转子。(注意:起吊前,卸下其中一片、装上起吊螺钉,钢绳一端与其连接,另一端与轴承箱体捆扎,为防止起吊时损坏,叶片、转自应保持水平平稳地吊出机壳下半。)

(4) 风机转子吊出机壳后,应放置在专用的钢结构支架上,轴承箱本体应支撑在V形槽内并用压板压紧,防止转子倾倒。(注意:叶片不许与地面接触防止碰坏。)

(5) 叶轮装拆应采用专用液压装拆工具。

(6) 检查轴承箱解体后轴承质量。一般要求在运转 40 000 h 后应更换。轴承箱解体时其径向轴密封(骨架密封)和O形圈必须更换。

(7) 检查机械式动叶调节机构中各零部件的易损情况,必要时应更换,清洗擦净后涂上润滑剂。

(8) 检查清洗润滑油站,包括油泵、各种阀件、油滤器等。

(9) 拆下消音片,清除积污,可用工业吸尘器或拍打等清除积灰吸声片表面穿孔板的孔畅通。(注意:不能用水冲洗以防吸声材料受潮。)

(10) 检查叶片与机壳的间隙是否符合规定值。若其间隙过小,则经制造厂同意将叶顶车削加工。(注意:间隙检查结论应做记录。)

(11) 检查动叶调节结构是否灵活,检查后将叶片安装角调至设计或使用工况位置,抽出调解杆,关闭指示和调节孔盖。

(12) 检查有力矩要求的螺栓是否达到规定值。

(13) 检查制动器操作性能是否良好(手动、电动),然后用制动片与制动轮脱开。检查进气闸门是否打开。

(14) 风机启动前,油站应预先启动运转,以确保供油润滑系统运行正常。

(15) 风机第一次检查大修时,叶轮和轴承箱的拆装建议由制造厂派技术人员参加指导。

9.3 试运转前主要通风机检查与维护

(1) 风机静压测量管吹扫并做气密性检查。

(2) 风门开闭实验、检查,要求灵活,标定闸门板关闭和全开点位置。

(3) 检查机壳内轴承箱油管路密封性。

(4) 检查所有连接螺栓的拧紧力矩,特别是叶片螺钉,联轴器连接螺钉的拧紧力矩必须达到规定值。

(5) 清除风道系统的积灰、沉淀物等,并做防锈蚀处理。

(6) 对风门的齿轮,连轮及轴承箱等润滑部位充填润滑油或润滑脂。

(7) 如果风机在低温下久未运行,则在风机试车前应启动油站电加热器使油箱油温达到规定值,一般为 25~35 ℃。

(8) 两台并联安装的风机，当一台风机启动前，另一台风机的进口闸门必须关闭。

9.4　主要通风机各项试验及规定

(1) 轴承温度报警试验(每月1次)：调低预警值至运行温度下，出现报警声为正常。

(2) 反风试验(每年1次)：按通风区措施进行，详细记录风机停、启、反的时间。

(3) 探伤试验(每年1次)：对风机主轴、扇叶叶柄进行探伤，经招标由第三方进行试验。

(4) 主要通风机安全检验(每3年1次)：对主要通风机进行整体试验，经招标由第三方进行试验。

(5) 主要通风机高压电机(每年1次)：对电机绝缘电阻和吸收比，直流耐压和泄漏电流等进行试验，经招标由第三方进行试验。

(6) 高压柜(每年1次)：对绝缘电阻、交流耐压、导电回路电阻、合分闸等进行检测，对线路紧固，高压柜内除尘，接地阻值进行测定，经招标由第三方进行试验。

10 空气压缩机日常维护检修方法

10.1 日常检查

(1) 冷却油油位要天天检查，冷却油油窥镜在油分离器筒体的侧面，当空压机加载运行而冷却油处于正常温度上时，冷却油油位应在窥镜的中点和顶点之间。

(2) 每月要检查一闪冷却器外表面油尘堆积状况，用压缩空气，可能的话要带有不可燃安全溶剂，冲洗芯部。

10.2 维护与检修

10.2.1 油过滤器调换程序

(1) 用适当工具松开滤芯。

(2) 将滤芯从壳体中拆出。

(3) 将旧滤饼放入密封袋并用安全的方法处理。

10.2.2 壳体接合面清洗步骤

(1) 将新滤芯备件从包装盒中取出。

(2) 将新滤芯旋入，直到密封碰到壳钵，再用手旋紧半周。

(3) 检查冷却油位，必要时加注。

(4) 启动空压机捉漏。

10.2.3 冷却油调换程序

(1) 最好在空压机运行后刚停机就立刻放油，这时油液排放较容易，而且脏东西还悬浮在油中。

(2) 油分离器筒体下设有排放阀。

(3) 打开闸阀,将冷却油全部放入适当容器里。

(4) 关闭阀门,给空压机注入新油。

(5) 启动空压机并捉油。

(6) 检查冷却油油位,必要时加注。

(7) 按规定处理废油。

10.2.4　滤器调换程序

(1) 拆除空滤器之前先停机,并确保释放系统中的全部空气压力。

(2) 拆除空滤器上的蝶形螺母,再拆除壳盖。

(3) 装入新滤芯,以与拆卸相反的顺序重新安装。

10.2.5　油分离器芯调换程序

(1) 拆除顶部面板便可接近油分离器筒体顶部。

(2) 从主机上拆开回油管,松开将回油管固定在油分离器筒体盖上的接头,拆下回油管。

(3) 拆开放气系统软管总成及最小压力阀。

(4) 拆掉将盖固定于筒体上的防松螺丝,再拆下整个盖总成。

(5) 取出坏的油分离芯,将其放入密封袋,用安全的方法处理掉。

(6) 清洁筒体和盖上的密封垫片表面,但不得使用任何形式的密封胶,且不得拆除油分离器芯抗静电密封垫片上的铁钉(起接地作用)。

(7) 装上新的渍分离器芯,以与以上相反的顺序进行安装。

(8) 启动空压机并捉漏。

10.2.6　主机轴承维护与检修

主机轴承由空压机冷却油润滑,无须保养维护。

10.2.7　电机轴承维护与检修

(1) 清洁油嘴四周后拆除保护盖,加入适量润滑脂。

(2) 润滑脂使用埃索优力达(ESSO UNIREX) N3 型或型号适合的润滑脂。

(3) 盖上保护盖并清除周围多余润滑脂。

(4) 加入润滑脂过程中,不要带入灰尘和脏东西。

10.2.8 高环境温度开关检查步骤

(1) 断开风扇电机断路器使冷却风扇停下。

(2) 机组应在 109 ℃时跳闸,记录停车温度,以便与将来的结果比较。

10.2.9 各项试验及方法

(1) 风包温度报警试验(每月):调低预警值至运行温度下,出现报警声为正常。

(2) 安全阀试验(每月):调整机组压力大于 0.82 MPa,安全阀动作为正常。

(3) 超温报警试验(每月):断开风扇电机,启动机组,大约 110 ℃时,空压机空载、停机为正常。

(4) 断油保护试验(每月):先启动机组,加载运行,然后停机,期间断油阀继电器动作为正常,润滑油应有回油。

(5) 空压机安全检验(每年):对空压机进行整体试验,经招标由第三方进行试验。

(6) 空压机高压电机(每年):对电机绝缘电阻和吸收比、直流耐压和泄漏电流等进行试验,经招标由第三方进行试验。

(7) 高压柜(每年):对绝缘电阻、交流耐压、导电回路电阻、合分闸等进行检测,经招标由第三方进行试验。

第二篇　设备常见问题及处理方法

1　矿井提升系统常见问题及处理方法

矿井提升系统故障偶有发生。正确的故障处理方向及方法能够减少处理故障时间，保证提升时间。本部分将对矿井提升系统的常见问题及处理方法做详细介绍。

1.1　电气部分

1.1.1　主井提升机电控系统

主井提升机电控系统常见问题及处理方法见表 2-1-1。

表 2-1-1　主井提升机电控系统常见问题及处理方法

序	名称	含意	处理要点	类别	地址
1	高压分	高压开关合/分监视	检查高压柜是否处于合闸状态	Ⅰ	M130.0
2	快熔监视	阻容吸收装置快熔工作状态监视	检查整流柜后的熔断器是否有烧坏；若有烧坏，则更换损坏的快熔	Ⅳ	M130.1
3	传动未准备好	主传动整流装置工作状态监视	检查整流柜 DCS800 工作状态，查看整流装置的故障代码，详见“故障代码说明”	Ⅰ	M130.2
4	快开分	直流快开工作状态监视	检查快开是否处于合闸位置；若快开处于分闸位置，则进行合闸操作；若快开处于合闸位置，则检查相应的触点(必要时，更换辅助触头)	Ⅰ	M130.3
5	整流柜风机	整流柜冷却风机工作状态监视	检查整流柜的风机是否处于启动状态；若风机未启动，则检查风机控制回路；若风机处于启动状态，则检查 K4、K24 继电器(需要时，更换继电器)	Ⅰ	M130.4

表 2-1-1(续)

序	名称	含意	处理要点	类别	地址
6	启动电流反向保护	监视提煤工况下启动电流的方向	检查励磁柜给定方向与提升方向是否一致	Ⅰ	M130.5
7	低压和控制电源	对低压柜各空开及继电柜各空开工作状态进行监视	检查安全回路电源、低压柜及继电柜内各空开工作状态；若空开处于分闸位置，则进行合闸操作；若空开都处于合闸位置，则检查各触点接触状态（必要时，更换辅助触头）	Ⅰ	M130.6
8	直流欠压	各直流电源电压监视	检查继电柜后各直流电源工作状态是否良好；若有问题，更换直流电源；若各直流电源工作良好，则检查其相对应的继电器工作是否正常（必要时，更换继电器）	Ⅰ	M130.7
9	直流电源接地	直流电源接地电阻进行监视	观察主控柜后的接地监视板	Ⅲ	M131.0
10	电气停车	系统实施电气紧急停车	检查控制台“电气停车”按钮	Ⅲ	M131.1
11	紧急停车	实施机械安全制动并断开励磁	检查控制台“紧急停车”按钮	Ⅰ	M131.2
12	停车监视	在不满足运行条件的情况下，对提升机速度进行监视	检查轴编码器	Ⅱ	M131.3
13	传动运行信号	对传动是否运行进行监视	(1) 检查传动是否处于运行状态； (2) 检查 K9、K29 继电器工作是否正常，其接触是否良好	Ⅰ	M131.4
14	48 V 电源	监视 48 V 电源	(1) 检查 48 V 电源； (2) 检查 K34 继电器	Ⅰ	M131.5
15	电枢接地	电枢对地绝缘低于设定值	(1) 检查电枢绝缘监视仪； (2) 摇测电枢绝缘值	Ⅲ	M131.6
16	励磁接地	励磁对地绝缘低于设定值	(1) 检查电枢绝缘监视仪； (2) 摇测励磁绝缘值	Ⅲ	M131.7

表 2-1-1(续)

序	名称	含意	处理要点	类别	地址
17	工况开关	监视各工况选择开关的输出信号是否正常	观察各组工况选择开关输入信号是否正常	Ⅲ	M132.0
18	调速手把	监视调速手柄“0 位”“提升”“下放”三位置信号只能于某瞬间出现一个信号	检查调速手把各组接点接触情况	Ⅲ	M132.1
19	刹车手把	监视刹车手柄“紧闸”“松闸”位置信号只能于某瞬间出现一个信号	检查刹车手把各组接点接触情况	Ⅲ	M132.2
20	闸瓦磨损	对闸间隙及制动轮进行监视	检查闸间隙是否大于设定的报警值	Ⅲ	M132.3
21	阻容柜接点	监视阻容吸收快熔	检查阻容吸收柜快熔是否有烧坏	Ⅳ	M132.4
22	信号急停	信号系统紧停	查看信号系统	Ⅰ	M132.5
23	传动超速	DCS800 系统内部判断超速	检查整流装置的报警代码 检查轴编码器	Ⅲ	M132.6
24	滑绳保护	提升机运行速度与天轮测速机速度差值大于设定值 1.5 m/s	(1) 是否存在滑绳； (2) 检查天轮测速机工作是否正常	Ⅲ	M132.7
25	测速故障	整流装置内部监视测速信号是否正常	检查整流装置内部相应监视单元	Ⅰ	M133.0
26	电枢过流	电枢电流大于 170%I_e	检查整流装置 DCS800 系统监视显示内容；检查是否有过装现象	Ⅰ	M133.1
27	闸试验失效	闸试验时，反馈速度 >0.3 m/s	观察闸电流是否过高；过高时，调整其电流值	Ⅰ	M133.2
28	手把错向	信号系统给出的提升方向与司机手把的开车方向不一致	检查手把的开车方向与信号系统给出的提升方向是否一致	Ⅳ	M133.3

表 2-1-1(续)

序	名称	含意	处理要点	类别	地址
29	110%超速	等速段速度超过设定值，提煤>11.3 m/s，下特材>2.3 m/s	(1) 检查轴编码器是否有松动； (2) 检查速度板及隔离放大板输出是否过高	Ⅱ	M133.4
30	电气停车功能故障	监视电气急停时，系统是否按设定的减速度运行，否则实施机械安全制动	(1) 检查轴编码器是否有松； (2) 检查 PLC、速度板及隔离放大板输出是否正常	Ⅰ	M133.5
31	提升容器指示失效	反馈速度与给定速度之差大于设定值 1 m/s	(1) 检查轴编码器是否有松动； (2) 检查速度板及隔离放大板输出是否正常	Ⅱ	M133.6
32	限速保护试验	在限速试验过程中对超速进行保护，过减速点速度大于设定值 1.5 m/s		Ⅰ	M133.7
33	超速保护试验	超速试验时，提升机运行至速度设定值 1.5 m/s 后，实施安全制动		Ⅰ	M134.0
34	行控超速	等速段反馈速度与给定速度之差大于设定值 1.5 m/s； 减速段反馈速度与给定速度之差大于设定值 1.5 m/s； 0.5 m/s 爬行段速度大于设定值 2.5 m/s	(1) 检查轴编码器； (2) 检查速度给定是否正常	Ⅰ	M134.1
35	115%超速	提煤工况下，速度大于设定值 11.8 m/s	(1) 检查轴编码器； (2) 检查速度给定是否正常	Ⅰ	M134.2
36	低速超速	提升机在检修工况下或罐笼过校正点后速度大于设定值 2.5 m/s	(1) 检查轴编码器； (2) 检查速度给定是否正常	Ⅱ	M134.3

表 2-1-1(续)

序	名称	含意	处理要点	类别	地址
37	东斗过卷	监视东斗井筒过卷及行控过卷	检查井筒过卷开关及继电柜 K41 继电器	Ⅰ	M134.4
38	西斗过卷	监视西斗井筒过卷及行控过卷	检查井筒过卷开关及继电柜 K42 继电器	Ⅰ	M134.5
39	定点保护	减速点后，对距停车点的三个位置进行速度定点监视，超过限定值	(1) 检查轴编码器； (2) 检查速度给定是否正常； (3) 检查是否正常减速	Ⅰ	M134.6
40	错向运行	监视实际方向与速度给定方向是否一致	检查是否有过装溜车	Ⅰ	M134.7
41	轴编码器比较	监测到 PG1 与 PG2 的差值大于设定值 1.2 m/s	检查轴编码器	Ⅱ	M135.0
42	行控过卷	行控大于过卷设定值 0.5 m	检查轴编码器	Ⅰ	M135.1
43	提煤负载异常	提煤时等速段电流小于设定值 1 300 A	检查另一侧箕斗是否未卸干净	Ⅲ	M135.2A
44	开车油压低	当提升速度大于 0.3 m/s 时，油压小于设定值	查看闸电流是否正常；若闸电流正常，则检查液压站；若闸电流不正常，则检查安全回路接触器及恒减速柜继电器	Ⅲ	M135.3
45	校正超差	校正时设置值与动作值差值大于设定值 1.5 m	检查轴编码器或计数模块	Ⅲ	M135.4
46	箕斗过放	监视井筒过放开关	检查过放井筒开关及继电器	Ⅰ	M135.5
47	PC2 故障	PC2 按 1 Hz 发出脉冲，PC1 接收后分辨 PC2 是否故障	观察 I13.7 是否闪动	Ⅱ	M135.6
48	制动油压高	液压站工作压力大于设定值	在液压站调整其工作压力	Ⅱ	M135.7

表 2-1-1(续)

序	名称	含意	处理要点	类别	地址
49	停车残压高	停车时液压站残压大于设定值	调整 KT 线圈或更换比例溢流阀	Ⅲ	M136.0
50	制动泵分	对制动泵运行状体进行监视	检查 KA1.8(KA2.8)或 KM1 接触器	Ⅰ	M136.1
51	电机风机分	运行时电机风机未吸合	检查风机空开、接触器、过热继电器	Ⅲ	M136.2
52	液压站轻故障	液压站油温及液位监视	检查液压站的油温及液位	Ⅲ	M136.3
53	闸控系统故障	闸控系统故障	检查恒减速柜 KA5 继电器	Ⅰ	M136.4
54	变压器 1 超温	变压器温度监视	查看并检测变压器温度	Ⅳ	M136.5
55	变压器 2 超温	变压器温度监视	查看并检测变压器温度	Ⅳ	M136.6
56	电机超温	电机温度监视	查看触摸屏温度,检查风机运行状态及风机滤料使用程度	Ⅲ	M136.7
57	安全接点	安全接触器的“常分”与“常闭”接点应永远保持相反状态,否则即为故障	检查 KM1、KM2、KM3 接触器	Ⅲ	M137.0
58	工作制动接点	工作制动接触器的“常分”与“常合”接点应永远保持相反状态,否则即为故障	检查 KM4、KM5 接触器	Ⅲ	M137.1
59	井筒开关接点	当提升容器低于减速点后,停车点应闭合,否则为故障	检查停车点井筒开关及相应继电器	Ⅲ	M137.2
60	快开接点	直流快开的“常分”与“常合”接点应永远保持相反状态,否则即为故障	检查快开的辅助触头	Ⅲ	M137.3

表 2-1-1(续)

序	名称	含意	处理要点	类别	地址
61	转换柜接点	转换柜内刀闸工作位置监视	(1) 检查转换柜刀闸是否合闸到位； (2) 检查辅助触头是否接触良好	Ⅲ	M137.4
62	控制一致性	检查 PC1，PC2 在正常工作时的一致性	检查 PC1 和 PC2 的工作、制动是否一致	Ⅲ	M137.5
63	应急返回故障	检查应急继电器执行情况	应急工况时观察	Ⅱ	M137.6
64	工作一致性	检查 PC1，PC2 的安全回路是否一致	利用编程器或触摸屏检查 PC2 的安全回路	Ⅲ	M137.7

主井提升机电控系统出现不同类故障时采取如下不同的制动措施。

(1) Ⅰ类故障发生后在井中实施恒减速制动，若恒减速制动失灵则实施二级制动，井口实施一级制动。

(2) Ⅱ类故障发生后实施电气制动，以 0.75 m/s 的减速度减速停车。

(3) Ⅲ类故障发生后，允许本钩运行，解除故障后才允许再开车。

(4) Ⅳ类故障为报警故障，不影响开车。

1.1.2　副井提升机电控系统

副井提升机电控系统常见问题及处理方法见表 2-1-2。

表 2-1-2　副井提升机电控系统常见问题及处理方法

序	名称	含意	处理要点	类别	地址
1	高压分	高压开关合/分监视	检查高压柜是否处于合闸状态	Ⅰ	M130.0
2	快熔监视	阻容吸收装置快熔工作状态监视	检查整流柜后的熔断器是否有烧坏；若其有烧坏，更换损坏的快熔	Ⅳ	M130.1
3	传动未准备好	主传动整流装置工作状态监视	检查整流柜 DCS800 系统工作状态，查看整流装置的故障代码，详见“故障代码说明”	Ⅰ	M130.2
4	快开分	直流快开工作状态监视	检查快开是否处于合闸位置；若快开处于分闸位置，则进行合闸操作；若快开处于合闸位置，则检查相应的触点(必要时，更换辅助触头)	Ⅰ	M130.3

表 2-1-2(续)

序	名称	含意	处理要点	类别	地址
5	整流柜风机	整流柜冷却风机工作状态监视	检查整流柜的风机是否处于启动状态;若风机未启动,则检查风机控制回路;若风机处于启动状态,则检查 K4 继电器(需要时,更换继电器)	Ⅰ	M130.4
6	安全回路电源	安全制动控制电源开关合/分状态监视	检查继电柜后空开 Q40 状态;若空开处于分闸位置,则合空开;若空开处于合闸位置,而继电器 K29 不带电,则更换空开;若空开处于合闸位置,继电器 K29 带电,检查 K29 触点(必要时,更换继电器)	Ⅰ	M130.5
7	控制电源	对低压柜各空开及继电柜各空开工作状态进行监视	检查低压柜及继电柜内各空开工作状态;若有空开处于分闸位置,则进行合闸操作;若空开都处于合闸位置,则检查各触点接触状态(必要时,更换辅助触头)	Ⅰ	M130.6
8	直流欠压	各直流电源电压监视	检查继电柜后各直流电源工作状态是否良好;若其有问题,则进行更换;若其工作良好,则检查其相对应继电器工作是否正常(必要时,更换继电器)	Ⅰ	M130.7
9	直流电源接地	直流电源接地电阻进行监视	观察主控柜后的接地监视板	Ⅲ	M131.0
10	电气停车	系统实施电气紧急停车	检查控制台"电气停车"按钮	Ⅲ	M131.1
11	紧急停车	实施机械安全制动并断开励磁	检查控制台"紧急停车"按钮	Ⅰ	M131.2
12	停车监视	在不满足运行条件的情况下,对提升机速度进行监视	检查轴编码器	Ⅱ	M131.3

表 2-1-2(续)

序	名称	含意	处理要点	类别	地址
13	传动运行信号	对传动是否运行进行监视	(1) 检查传动是否处于运行状态； (2) 检查 K9 继电器是否工作正常，基础是否良好	Ⅰ	M131.4
14	48 V 电源	监视 48 V 电源	(1) 检查 48 V 电源； (2) 检查 K34 继电器	Ⅰ	M131.5
15	电枢接地	电枢对地绝缘低于设定值	(1) 检查电枢绝缘监视仪； (2) 摇测电枢绝缘值	Ⅲ	M131.6
16	励磁接地	励磁对地绝缘低于设定值	(1) 检查电枢绝缘监视仪； (2) 摇测励磁绝缘值	Ⅲ	M131.7
17	工况开关	监视各工况选择开关的输出信号是否正常	观察各组工况选择开关输入信号是否正常	Ⅲ	M132.0
18	调速手把	监视调速手柄“0 位”“提升”“下放”三位置信号只能于某瞬间出现一个信号	检查调速手把各组接点接触情况	Ⅲ	M132.1
19	刹车手把	监视刹车手柄“紧闸”“松闸”位置信号只能于某瞬间出现一个信号	检查刹车手把各组接点接触情况	Ⅲ	M132.2
20	闸瓦磨损	对闸间隙及制动轮进行监视	检查闸间隙是否大于设定的报警值	Ⅲ	M132.3
21	阻容柜接点	监视阻容吸收快熔	检查阻容吸收柜快熔是否有烧坏	Ⅳ	M132.4
22	信号急停	信号系统紧停	查看信号系统	Ⅰ	M132.5
23	传动超速	DCS800 系统内部判断超速	(1) 检查整流装置的报警代码； (2) 检查轴编码器	Ⅲ	M132.6
24	润换站返回	润滑站状态监测	检查润滑站油压、油温、管路	Ⅳ	M132.7

表 2-1-2(续)

序	名称	含意	处理要点	类别	地址
25	测速故障	整流装置内部监视测速信号是否正常	检查整流装置内部相应监视单元	Ⅰ	M133.0
26	电枢过流	电枢电流大于 $160\% I_e$	(1) 检查整流装置 DCS800 系统监视显示内容; (2) 检查是否有过装现象; (3) 检查整流装置	Ⅰ	M133.1
27	闸试验失效	闸试验时,反馈速度>0.3 m/s	观察闸电流是否过高;过高时,调整其电流值	Ⅰ	M133.2
28	手把错向	信号系统给出的提升方向与司机手把的开车方向不一致	检查手把的开车方向与信号系统给出的提升方向是否一致	Ⅳ	M133.3
29	110%超速	等速段速度超过设定值,提物>9.4 m/s,提人>5.5 m/s	(1) 检查轴编码器是否有松动; (2) 检查速度板及隔离放大板输出是否过高	Ⅱ	M133.4
30	电气停车功能故障	监视电气急停时,系统是否按设定的减速度运行,否则实施机械安全制动	(1) 检查轴编码器是否有松; (2) 检查 PLC、速度板及隔离放大板输出是否正常	Ⅰ	M133.5
31	提升容器指示失效	反馈速度与给定速度之差大于设定值 0.8 m/s	(1) 检查轴编码器是否有松动; (2) 检查速度板及隔离放大板输出是否正常	Ⅱ	M133.6
32	限速保护试验	在限速试验过程中对超速进行保护,过减速点速度大于设定值 1.5 m/s	检查是否有溜车	Ⅰ	M133.7
33	超速保护试验	超速试验时,提升机运行至速度设定值 1.5 m/s 后,实施安全制动		Ⅰ	M134.0

表 2-1-2(续)

序	名称	含意	处理要点	类别	地址
34	行控超速	等速段反馈速度与给定速度之差大于设定值 1 m/s； 减速段反馈速度与给定速度之差大于设定值 1 m/s； 爬行段速度大于设定值 2 m/s	(1) 检查轴编码器； (2) 检查速度给定是否正常	Ⅰ	M134.1
35	115%超速	提物状态下，速度大于设定值 9.8 m/s	(1) 检查轴编码器； (2) 检查速度给定是否正常	Ⅰ	M134.2
36	低速超速	提升机在检修工况下或罐笼过校正点后速度大于设定值 2.5 m/s	(1) 检查轴编码器； (2) 检查速度给定是否正常	Ⅱ	M134.3
37	大罐过卷	监视大罐井筒过卷及行控过卷	检查井筒过卷开关及继电柜 K41 继电器	Ⅰ	M134.4
38	小罐过卷	监视小罐井筒过卷及行控过卷	检查井筒过卷开关及继电柜 K42 继电器	Ⅰ	M134.5
39	定点保护	减速点后，对距停车点的三个位置进行速度定点监视，超过限定值	(1) 检查轴编码器； (2) 检查速度给定是否正常； (3) 检查是否正常减速	Ⅰ	M134.6
40	错向运行	监视实际方向与速度给定方向是否一致		Ⅰ	M134.7
41	轴编码器比较	监测到 PG1 与 PG2 的差值大于设定值 0.6 m/s	检查轴编码器	Ⅱ	M135.0
42	行控过卷	行控大于过卷设定值 0.5 m	检查轴编码器	Ⅰ	M135.1
43	运行无速度	正常提升情况下，运行速度小于 0.2 m/s	检查轴编码器	Ⅱ	M135.2

表 2-1-2(续)

序	名称	含意	处理要点	类别	地址
44	开车油压低	当提升速度大于0.3 m/s时，油压小于设定值	查看闸电流是否正常；若闸电流正常，则检查液压站；若闸电流不正常，则检查安全回路接触器及恒减速柜继电器	Ⅲ	M135.3
45	校正超差	校正时设置值与动作值差值大于设定值1.5 m	检查轴编码器或计数模块	Ⅲ	M135.4
46	罐笼过放	监视井筒过放开关	检查过放井筒开关及继电器	Ⅰ	M135.5
47	PC2 故障	PC2 按 1 Hz 发出脉冲，PC1 接收后分辨 PC2 是否故障	观察 I13.7 是否闪动	Ⅱ	M135.6
48	制动油压高	液压站工作压力大于设定值	调整液压站工作压力	Ⅱ	M135.7
49	停车残压高	停车时液压站残压大于设定值	调整 KT 线圈或更换比例溢流阀	Ⅲ	M136.0
50	制动泵分	对制动泵运行状体进行监视	检查 KA1.8(KA2.8)或 KM1 接触器	Ⅰ	M136.1
51	电机风机分	运行时电机风机未吸合	检查风机空开、接触器、过热继电器	Ⅲ	M136.2
52	液压站轻故障	液压站油温及液位监视	检查液压站的油温及液位	Ⅲ	M136.3
53	闸控系统故障	闸控系统故障	检查恒减速柜 KA5 继电器	Ⅰ	M136.4
54	变压器 1 超温	变压器温度监视	查看并检测变压器温度	Ⅳ	M136.5
55	润滑泵分	润滑泵运行监视	检查润滑泵运行状态及其返回信号	Ⅲ	M136.6
56	电机超温	电机温度监视	查看触摸屏温度，检查风机运行状态及风机滤料使用程度	Ⅲ	M136.7

表 2-1-2(续)

序	名称	含意	处理要点	类别	地址
57	安全接点	安全接触器的“常分”与“常闭”接点应永远保持相反状态，否则即为故障	检查 KM1、KM2、KM3 接触器	Ⅲ	M137.0
58	工作制动接点	工作制动接触器的“常分”与“常合”接点应永远保持相反状态，否则即为故障	检查 KM4、KM5 接触器	Ⅲ	M137.1
59	井筒开关接点	当提升容器低于减速点后，停车点应闭合，否则为故障	检查停车点井筒开关及相应继电器	Ⅲ	M137.2
60	快开接点	直流快开的“常分”与“常合”接点应永远保持相反状态，否则为故障	检查快开的辅助触头	Ⅲ	M137.3
61	制动轮变形		检查制动轮偏摆开关	Ⅳ	M137.4
62	控制一致性	检查 PC1，PC2 在正常工作时的一致性	检查 PC1 和 PC2 的工作、制动是否一致	Ⅲ	M137.5
63	应急返回故障	检查应急继电器执行情况	应急工况时观察	Ⅱ	M137.6
64	工作一致性	检查 PC1，PC2 的安全回路是否一致	利用编程器或触摸屏检查 PC2 的安全回路	Ⅲ	M137.7

副井提升机电控系统出现不同类故障时采取如下不同的制动措施。

(1) Ⅰ类故障发生后在井中实施恒减速制动，若恒减速制动失灵则实施二级制动，井口实施一级制动。

(2) Ⅱ类故障发生后实施电气制动，以 0.75 m/s 的减速度减速停车。

(3) Ⅲ类故障发生后，允许本钩运行，解除故障后才允许再开车。

(4) Ⅳ类故障为报警故障,不影响开车。

1.1.3 提升机信号系统

提升机信号系统常见问题及处理方法见表2-1-3。

表2-1-3 提升机信号系统常见问题及处理方法

故障现象	原因分析	排除方法
本安电源无输出	本安电源板故障或线路故障	更换本安电源板或检查系统接线
数码管不亮或显示不正常	数码显示板故障或线路故障	更换数码显示板或检查系统接线
不能发控制信号	信号按钮坏、光耦板坏、线路故障	更换按钮,检查系统接线
发光板不亮	显示屏坏、线路故障	更换信号显示屏,检查系统接线
可编程控制器故障灯亮	程序错误或可编程控制器坏	检查程序或更换可编程控制器
信号输出时外设无反应	固态继电器坏或线路故障	更换固态继电器,检查系统接线

1.2 机械部分

1.2.1 风机

风机常见问题及处理方法见表2-1-4。

表2-1-4 风机常见问题及处理方法

故障现象	原因分析	处理方法
风机剧烈振动	风机轴与电机轴不平行或不同轴、胶带轮槽错位	调整电机位置
	机壳、轴承座与支架、轴承座与轴承盖等连接螺栓松动	紧固连接螺栓
	叶片有积灰、污垢,叶片磨损,叶轮变形,轴弯曲是转子产生不平衡	清理叶片或更换
轴承温升过高	润滑剂质量不良、变质或含有灰尘、砂粒、污垢等杂质或油量过多	更换油脂
	轴承端盖、座连接螺栓拧紧力过大或过小	调整端盖、座螺栓
	滚动轴承损坏	更换轴承

1.2.2　液压站

液压站常见问题及处理方法见表 2-1-5。

表 2-1-5　液压站常见问题及处理方法

故障现象	原因分析	排除方法
油泵启动以后，主油路压力建立不起来或达不到所需油压	(1) 油泵旋转方向反向； (2) 没有闸电流和电流小	(1) 纠正泵底旋转方向（注意从电机后端看，顺时针反向为正）； (2) 检查液压柜闸控板输入电压，差具体原因
	比例溢流阀内有脏物	清洗比例溢流阀
	遥控溢流阀内有脏物	清洗遥控溢流阀
	泵装置上的管路没有连接好或密封损坏	更换密封件、重新连接好管路
	油泵出现故障	排除油泵故障
	电磁换向阀出现故障	检查电气接线，或清洗电磁换向阀
二级制动油压值保压不好	溢流阀内有脏物	清洗溢流阀
	节流阀开口太大或太小，蓄能器起不到补油作用	调节节流阀
	电磁换向阀 G3、G4 内有脏物，内泄漏太大	清洗电磁换向阀 G3、G4
蓄能器 16 油压保不住	(1) 蓄能器气压不够或漏气； (2) G2 阀、单向阀、比例方向阀密封不严	充气或检修蓄能器

1.2.3　电机

电机常见问题及处理方法见表 2-1-6。

表 2-1-6　电机常见问题及处理方法

故障现象	原因分析	排除方法
启动后轴承温升过高	轴承不佳	调换轴承
	未灌润滑脂或润滑脂太少	灌注或增灌润滑脂
	润滑脂太多	刮去过量的润滑脂或经排油孔将其泄溢
	轴向推力太大	消除轴向推力
轴承内产生刮擦声和颤动噪声	轴承不佳	拆开轴承进行检查,若不属装配不良等外因,则应考虑轴承本身不良,调换新轴承
轴承磨损过大	轴承负载过大	检查轴承是否承受外来的轴向负载,如有应消除,检查安装是否良好,消除联轴器错位现象
电机不能启动	启动负载过大	消除过载部分
电机空载不转	电枢回路断线	查明原因并修复
	电枢线圈短路	
	换向器竖板或并头套脱焊	
	励磁回路断线	
	电刷接触不良	
电机振动	电枢绕组匝间短路	查明原因并修复
	换向器片间短路	
	磁拉力不对称	
电机转速偏高	电刷位置不对	按标记位置调整刷架
	励磁电流不对	调小磁场变阻器电阻或提高励磁电源电压
换向器过热	电刷牌号不对	调换电刷
	电刷压力过大	更换刷握
	电刷与刷握装的不好	调整好
	电机过载	消除过载
运行过程中温升高	过载	检查电压电流值,消除过载
	冷却风量不足	检查冷却系统,进行清理调整,使其达到要求值
	空气温度太高	
	过滤器不清洁	
	电枢线圈短路	进行清理和检修
	换向器竖板或并头套脱焊	

表 2-1-6(续)

故障现象	原因分析	排除方法
电刷下火花强烈，换向片烧黑	电刷接触不良	研磨电刷，检查电刷在刷握中是否活动自如
	电刷牌号不对或混用特性不同的电刷	更换符合要求的电刷
	电刷压力不对或不均匀	调换刷握
	电刷不等分或位置不对	查明原因并进行调整
	换向器不清洁，不光	进行清理，必要时研磨或车削换向器
	换向器凸片，偏心	车削换向器，必要时紧固换向器
	换向器云母凸出	下云母及换向片拉槽倒角
	换向极，补偿绕组短路	修理
	电枢线圈短路	
	换向器竖板，并头套脱焊	
	换向极强弱不适	调整换向极气隙
	电机振动	查明原因予以消除
	电机过载	消除
	环境因素	阻止有害气体、灰尘等进入电机

1.2.4　制动装置

制动装置常见问题及处理方法见表 2-1-7。

表 2-1-7　制动装置常见问题及处理方法

故障现象	原因分析	排除方法
制动器不释放(不松闸)	没有油压或油压不足	检查液压站
	制动器密封圈损坏	更换密封圈
松闸和制动缓慢	液压系统有空气	在制动状态，在最高点放气
	液压系统不正常，阀不在正常位置或有油污	检查和清洗阀和系统
	闸瓦间隙太大	调整间隙
	油太稠或太稀、或泄漏太多	更换油，检查和修理液压系统
	密封圈损坏	更换密封圈

表 2-1-7(续)

故障现象	原因分析	排除方法
制动器不能制动	液压站管路、阀组有问题	检查修理液压站
	制动器损坏	检查制动器并修理
制动时间或制动滑行距离太长、制动力小	载荷太大或速度太高	检查载荷和速度是否在允许的范围内
	闸瓦间隙太大	调整闸间隙
	制动盘和闸瓦上有油漆或类似的东西	用三氯乙烯清洗制动盘,更换有油的闸瓦
	所有制动器不动作	检查液压站
	碟簧组有毛病	更换碟簧组
	密封圈磨损	更换密封圈并检查所有密封表面
闸瓦磨损不均匀	制动器校正不均匀	检查安装技术要求
	制动盘偏摆太大、窜动或主轴倾斜太大	重车制动盘,检查调整主轴倾斜度、偏角和轴承
闸瓦意外磨损	闸瓦间隙太小	(1) 调整闸瓦间隙; (2) 检查工作油压

1.2.5 主轴装置

主轴装置常见问题及处理方法见表 2-1-8。

表 2-1-8 主轴装置常见问题及处理方法

故障现象	原因分析	排除方法
轴承温度过高	轴承润滑脂油量过多	清除多余润滑脂
轴承运行声音过大	轴承润滑脂油量太少或油脂变质造成润滑不良	添加或更换润滑脂
主轴装置侧板裂纹	(1) 受力不均; (2) 受力过大	(1) 消除不均匀外力; (2) 补焊裂纹

1.2.6 快开

快开常见问题及处理方法见表 2-1-9。

表 2-1-9　快开常见问题及处理方法

故障现象	原因分析	排除方法
触头温度过高或有放电痕迹	触头压力过小	调整动触头弹簧后面的螺母
合闸不到位	合闸机构行程过短	调整合闸电磁铁下的垫片

1.2.7　干式变压器

干式变压器常见问题及处理方法见表 2-1-10。

表 2-1-10　干式变压器常见问题及处理方法

故障现象	原因分析	排除方法
异常噪声	变压器紧固螺栓松动	紧固螺栓
绕组温升过高	变压器电流过大	查找变压器电流大的原因
铁芯及绕组对地绝缘性能降低	空气潮湿	干燥
高压无法正常送电	变压器门没有关到位	重新调整关闭变压器门

1.2.8　减速机

减速机常见问题及处理方法见表 2-1-11。

表 2-1-11　减速机常见问题及处理方法

故障现象	原因分析	排除方法
减速机温升过高	润滑站中有空气回油不良造成减速机箱体中润滑油过多	通过润滑站放气阀放气
减速机运行声音较大	减速机箱体中油量过少或润滑油中变质、杂质过多造成润滑不良	添加或更换润滑油
润滑站压力忽然升高	温度过高造成润滑站压力变化	通过润滑站冷却风机进行冷却

2 井筒维修常见问题及处理方法

2.1 副井操车系统突然停电应急措施

井口、井底操车系统突然停电，信号把钩工要及时观察摇台及阻车器的状态，并进行以下操作。

(1) 用木楔子将阻车器后方矿车固定牢固。

(2) 若摇台下落(油缸处于不保压状态)，先通知绞车房放慢车速或停车等待，若摇台不下落则不需通知。

(3) 如果摇台下落，那么用维修工事先准备好的放在固定地点的 1 t 手拉葫芦和绳套将井口、井底所有摇台吊起到指定高度。手拉葫芦挂在安全门上与摇台用绳套连接。用木楔子或架板将摇台支住，防止摇台下落，通知绞车房正常开车。如果不下落，那么在罐笼到位前用木楔子或架板将其支住。

(4) 在做第(3)步的同时拆卸井口、井底安全门限位板。将拆除的螺丝和限位板放在指定位置。两人或三人抬起安全门将其脱离轨道(井口、井底下码安全门；如果井下撤人，那么井底上码安全门也要拆除)，将其悬挂在轨道外侧。注意不要将牵引钢丝绳托槽或乱绳。

(5) 罐笼到位后，如果是物料，则需要将相对应的下码摇台放下，把物料推出罐笼，再利用手拉葫芦和绳套将摇台吊起并支住，防止罐笼运行磕碰摇台。

(6) 需要上下人时，不需要放摇台。工人在井口从摇台中间进入罐笼，工人在井底从摇台两侧进入罐笼。把钩工要掀起安全门，防止人员出入磕碰安全门。

(7) 人员进入完毕后关好罐笼门，放好安全门，确认摇台高度后(不磕碰罐笼为准)发出开车信号。

(8) 停电后原则上将本钩人或物料送出罐笼后就不在提升，但是紧急情况下，如井下撤人、井口下人或物料抢修等情况下，在确保安全的前提下可以提升。

(9) 恢复送电后，将安全门、摇台及阻车器恢复，确认无误后正常提升。

2.2　副井事故时井筒内撤人安全措施

由于出现卡罐、双回路停电等，副井罐笼停在井筒中间且长时间不能动车时，副井罐笼内人员必须按照下列措施快速、安全撤离。

2.2.1　大罐撤人安全措施

当井筒内大罐有人被困时，井筒维修工应立即从副井梯子间向下爬，并带好破除梯子间护网的工具及安全带，爬至相应的地点后，对大罐顶相对应的梯子间护网开口，开口大小为能进出一个人为准，清理大罐顶部杂物，打开罐笼顶端的盖板，将盖板放置于可靠地点。让被困人员从罐笼内爬出，进入梯子间，向井口方向爬出井筒，梯子间上口要有人接应。

2.2.2　小罐撤人安全措施

由于小罐距离梯子间相对较远，要求井筒维修工在救援时必须携带 200～300 mm 宽，1.7 m 长，厚度大于或等于 40 mm 的架板 1 块；1.2 m 长，200 mm 宽，40 mm 厚架板 1 块；3 m 长，直径大于等于 12.5 mm 的钢丝绳 4 根；相应绳卡子 8 套；钢丝绳拉紧专用工具 2 套。井筒维修工到达小罐地点后观察小罐位置，在距离小罐下码出人口(罐笼顶附近或下码出口附近)，在最近罐道座的平层位置的梯子间开口，开口大小为能进出一人为准；用 1.2 m 长架板搭在梯子间固定梁与大罐罐道座之间，用钢丝绳和钢丝绳锁紧装置在供水管和大罐罐道之间连接起距架板高度 1 m 左右的钢丝绳扶手，再将 1.7 m 架板搭在大罐与小罐罐道座之间，用钢丝绳和钢丝绳锁紧装置在两罐道座之间连接起距架板高度 1 m 左右的钢丝绳扶手。使小罐被困人员沿刚搭建好的路线进入梯子间，爬向井口方向。

2.2.3　其他安全事项

在进行罐笼撤人期间，井筒维修工必须始终佩戴安全带，并且高挂低用，将安全带固定牢固。被救人员在从罐笼爬出时必须佩戴安全带，进入梯子间确定安全后再摘除。被救人员在爬梯子过程时要注意，同一层梯子间内的梯子上不允许同时存在两个人。当前一名人员爬过本层梯子后下一名人员才可继续爬梯子,以防止一人滑落将后面的人撞倒。在爬梯子过程中,若人员体力不支,可在梯子间空旷位置稍做调整,但不能长时间逗留。井口梯子间口处必须留有井筒维修工接应,确定每个人安全到达地面后才可撤离。

3　井下高压供电系统设备常见问题及处理方法

3.1　高爆开关常见问题及处理方法

高爆开关已成为煤矿高压供电不可或缺的部分。高爆开关的常见故障主要分为三大类:一种是纯电气故障,一种是纯机械故障,最后一种是电气与机械相映射方面的故障。纯电气故障是出现最多的故障。最难处理的是电气与机械相映射的故障。

3.1.1　纯电气故障

(1) 保护器坏,不能电动合分闸,显示器不能正常显示(黑屏)。

在黑屏这种情况下,不应立即对保护器进行更换,而是对可能的情况进行逐一排除。在这种情况下,首先,对二次保险测量通断;其次,对分合闸回路进行测量,观察二次回路是否存在短路情况发生;最后,当二次回路无异常后,才应对保护器进行更换。当然不排除显示屏损坏的这种情况,但这种情况鲜有发生。

(2) 电气故障除去保护器损坏外,其常见故障主要集中在合闸回路以及跳闸回路。

首先,对合分闸回路进行测量,是否与有电压输入,电压是否正常;其次,测量合分闸回路是否与图纸通断相一致;最后,测量合分闸回路中的元器件是否完好,按钮、行程开关是否正常等,基本就可以解决常见的电气故障问题。

在使用过程中,最为常见的故障为高爆开关不能正常合分闸。

在这种情况下,首先,使用万用表对二次保险进行测量,检测其是否通断。

当二次保险未坏,显示正常,高爆开关合不上闸时,应测量高爆开关启动回路是否正常,跳闸回路是否为常开。

若合分闸回路不正常,则可按电气原理图进行查测,其常见问题主要集中在合/分闸按钮、行程开关、保护器及二次线是否虚接上。首先将行程开关短接,测量整个合分闸回路是否为正常的常开常闭状态;其次测量合闸/分闸按钮、行程开关等合分闸回路中的元器件是否正常可靠。二次线路松动也是一个不可忽视的因素。设备加工配线工艺等客观因素的实际存在,致使设备在长期合分闸过程中,极易造成二次回路的松动,进而导致设备不能进行正常合分闸。线路松动情况,极易出现在设备改造完成后。

(3) 在永磁机构类型的高爆开关中,除保护器及其他原因导致的故障外,还有一种元器件——永磁驱动器,也是此类高爆开关常见故障的一个主要故障点。

除永磁驱动器损坏这种情况外,其他故障的处理方法基本与弹操机构的高爆开关处理故障的方法基本类此,在此就不再一一赘述。

判断驱动器好坏,可以先将其彻底放电,在电容充电过程中,测量其电压,若持续充电至 DC 160 V,则证明驱动器无故障。若不能充电或充电电压小于 DC 160 V,或无电压输入,则证明驱动器有问题。当分闸按钮按动时,驱动器报警灯闪动,证明控制回路导通(报警灯亮→熄灭,是正常充放电过程)。

3.1.2 纯机械故障

纯机械故障,基本出现于未投入运行及投运多年的高爆开关。对于未投运的高爆开关,应在入井前进行细致的入井检测,将机械故障排除于入井前。机构调整,需要有多年工作经验的老师傅牵头调整,一般推荐厂方人员现场进行调试。非专业人员调整机构,易对高爆机构造成毁灭性的损伤,不但会造成严重的经济损失。

3.1.3 电气与机械相映射方面的故障

3.1.3.1 永磁机构

(1) 能手动合闸,不能保持:机构没有复位,手动合闸,待其自然复位后,使用手动手柄向下压一些,只要电动合闸能合上,一般不会出现自动掉闸。

(2) 能电动合闸,不能电动分闸:若机构间隙小,则将其上端调整螺母松些,增大机构间隙。

(3) 不能电动合闸:若电容机构间隙过大,产生的磁力矩不足以驱动机构合闸,则需要将其上端调整螺母紧些,每次不能紧太多,进行多次调整;若控制回路不能导通,则合闸辅助接点不导通。

3.1.3.2　弹操机构

不能电、手动分闸一般有两种原因。一种原因是合闸簧压力小。需要紧合闸簧,同时也可以重合闸使其分闸。紧送弹簧时,一定要注意松紧尺度一定要小,逐步调整。另一种原因是合闸锁杆不能闭锁合闸拨片。可以通过调整合闸拨片后方的调整版,来调整合闸拨片的角度。

总体来讲高爆故障的诊断,首先需要初步判断故障属于哪种类型,然后根据具体的故障类型逐一进行处理。

3.2　移动变压器常见问题及处理方法

移动变压器常见问题及处理方法见表 2-3-1。

表 2-3-1　移动变压器常见问题及处理方法

序号	故障现象	产生原因	处理方法
1	指示灯不亮	(1) 灯泡坏; (2) 显示板没插好	(1) 更换; (2) 插好
2	开关不能合闸	(1) 有漏电或短路故障; (2) 漏电或过流故障跳闸后未复位; (3) 高低压连锁线未连接或高压手把未压好; (4) 保险管断; (5) 控制变压器或接线有故障; (6) 失压线圈损坏; (7) 中间继电器不吸合; (8) 合闸按钮接触不良; (9) 试验按钮未弹起; (10) 各接插件接触不良; (11) 脱扣器损坏; (12) 电压没选择对	(1) 排除故障; (2) 复位; (3) 连接或压好手把; (4) 查明原因并更换保险; (5) 测量各电压是否正常,接线是否正确; (6) 更换; (7) 查找原因; (8) 打磨处理; (9) 处理; (10) 打磨处理; (11) 更换; (12) 选择正确的电压档

表 2-3-1(续)

序号	故障现象	产生原因	处理方法
2	合闸继电器不吸合	(1) 合闸按钮接触不良; (2) 各接插件接触不良; (3) 脱扣器损坏; (4) 电压没选择对; (5) 有漏电或短路故障; (6) 漏电或过流故障跳闸后未复位; (7) 高低压连锁线未连接或高压手把未压好	(1) 打磨处理; (2) 检查处理; (3) 更换; (4) 选择正确的电压档; (5) 排除故障; (6) 复位; (7) 连接或压好手把
3	保持机构打枪	(1) 控制电压过低; (2) 施加在全压线圈上的电压时间太短; (3) 合闸机构卡死; (4) 真空管损坏; (5) 保持钩拉簧力小; (6) 分闸转轴转动角度过小; (7) 转动轴上恢复拉簧力大	(1) 检查原因提高电压; (2) 增加延时试验; (3) 检查电磁铁、衔铁合闸是否能到底,到底为正确; (4) 更换; (5) 调整; (6) 调整; (7) 调整
4	不分闸	(1) 失压脱扣器不脱扣(失压脱扣器弹簧力小,压板压得太多); (2) 分励脱扣器不脱扣(分闸转轴转角太大,使分励电磁铁开距增大,而吸合电压过高,线圈被烧毁); (3) 合闸线圈没断电,合闸继电器接点没断开; (4) 机构卡死; (5) 真空管触头熔焊	(1) 调整; (2) 调整; (3) 更换继电器或调整接点,清理触头; (4) 用大起子手动分合几次,或重新调整; (5) 接触电阻 >200 $\mu\Omega$ 时更换
5	合闸、分励线圈烧毁	(1) 控制电压不符过高; (2) 吸合辅助接点断不开,使线圈长时间带电	(1) 调整电压抽头; (2) 更换线圈,调整接点
6	失压线圈烧毁	绝缘不好而短路、电压过高	更换
7	真空管跳火	(1) 真空管失去真空度; (2) 真空管无超行程压力不够	(1) 更换; (2) 调整行程、压力

表 2-3-1(续)

序号	故障现象	产生原因	处理方法
8	接线柱、主电路温升过高	(1) 紧固螺丝松； (2) 真空管无超行程； (3) 触头磨损过多	(1) 紧固； (2) 调整行程及压力； (3) 更换真空管
9	变压器温度过高、局部过热	(1) 长时间过负荷运行； (2) 绕组绝缘降低或被破坏，引起局部漏电或匝间短路； (3) 铁芯损耗增大	(1) 合理分配负荷； (2) 修理绝缘破损处； (3) 修理铁芯
10	声音不正常或过大	(1) 铁芯固定螺丝松； (2) 线圈的压紧螺丝松动	(1) 紧固； (2) 紧固
11	绝缘电阻低	(1) 潮气侵入； (2) 绝缘层损坏； (3) 绝缘老化	(1) 烘干或空载送电驱潮； (2) 增加绝缘层； (3) 更换
13	外壳带电	(1) 套管或瓷瓶不好； (2) 引线绝缘损坏或与外壳相碰； (3) 低压内部漏电	(1) 更换； (2) 重新绝缘； (3) 检查漏电点并处理
14	负载正常但经常跳闸	(1) 大电机启动，线路电压较低； (2) 脱扣器反时限电路损坏； (3) 阻容装置没有或损坏	(1) 调整供电电压； (2) 更换脱扣器； (3) 安装阻容装置
15	合闸后即跳闸	(1) 负荷有短路或漏电故障； (2) 自保持结构间隙不合适	(1) 检查故障点； (2) 调整保持结构
16	经常烧插件	(1) 真空接触器拒动； (2) 分励脱扣器拒动	(1) 检查线路； (2) 检查线路； (3) 更换脱扣器
17	开关正常指示不正常	(1) 灯泡或灯座坏； (2) 限流电阻坏； (3) 真空接触器辅助接点不良，断线、掉线	(1) 更换； (2) 更换； (3) 处理
18	跳闸实验不动作	(1) 没有 50 V 电压； (2) 实验按钮接触不良； (3) 保护件坏	(1) 检查控制电源； (2) 修理； (3) 更换

3.3 井下接地故障处理方法

(1) 井下发生接地故障后,变电所值班人员应迅速报告值班调度和有关负责人员,做好相应记录。

(2) 值班人员通知电工和相关技术人员,迅速到现场处理故障。

(3) 变电所值班人员通过观察小电流接地选线系统,对故障线路做出初步判断。

(4) 待电工到达现场后,详细检查变电所内电气设备有无明显的故障迹象,若不能找出故障点,则再进行线路接地的寻找。

(5) 采用一拉一合的方式寻找故障点。当拉开某条线路断路器时接地现象消失,便可判断它为故障线路,并马上汇报值班调度听候处理,同时对故障线路的设备及电缆做进一步检查。

(6) 为了减小停电的范围,在寻找接地故障时,应先试拉线路长、分支多、历次故障多和负荷轻以及用电性质次要的线路,然后拉线路短、负荷重、分支少、用点性质重要的线路。双电源用户可先倒换电源再试拉,专用线路应先行通知。若有关人员汇报某条线路上有故障迹象时,则可先拉这条线路。

(7) 寻找和处理接地故障时,应做好安全措施,保证人身安全。

(8) 排查出故障线路后,对故障线路电源柜进行停电操作,在其负荷侧验电、放电、封接地线,并立即组织安排抢修人员对其故障线路进行抢修处理,及时恢复安全供电。

4　矿灯房设备常见问题及处理方法

4.1　CTJ96WZ(A)型充电架常见问题及处理方法

CTJ96WZ(A)型充电架常见问题及处理方法见表 2-4-1。

表 2-4-1　CTJ96WZ(A)型充电架常见问题及处理方法

序号	故障现象	原因分析	解决措施	使用效果	备注
1	充电板绿色指示灯不亮，造成充电板（1路、2路、3路、4路）LED灯都不亮	在稳压电源上测试结果经测试分析：贴片集成电路 MC34063 器件损坏	更换 MC34063	更换 MC34063AD 指示灯发光正常	充电输出板
2	充电板红绿指示灯显示正常，单路 LED 红灯常亮，正常为：红灯闪，绿灯亮	经测试分析：S8050 损坏，更换后正常	更换 S8050	更换 S8050 后正常	
3	红灯亮、绿灯不亮	TN2 与 EP2 管脚短路或 A04403 损坏	如果短路，将管脚短路处锡剔除，如果还不行，更换 A04403	更换 A04403 后红绿灯显示正常	
4	红绿灯都亮，但是红灯逐渐熄灭	单片机短路或者损坏	剔除多余的焊锡或者重新焊接一块单片机，重录充电程序，通电观察	剔除多余的焊锡或者重新焊接一块单片机后正常	

表 2-4-1(续)

序号	故障现象	原因分析	解决措施	使用效果	备注
5	两个充电位红绿灯都不亮	74HC164 短路或虚焊	插入检测电池检验是否有电流，如有电流则芯片 74HC164 有短路或虚焊、损坏，进行修补焊点或更换	按照此步骤进行测试后红绿灯亮	充电输出板
6	通电后红绿灯都亮，红灯逐渐熄灭	TRP42C 有短路或烧坏情况	TRP42C 有短路或烧坏情况，更换 TRP42C	更换 TRP42C 正常	
7	电源红绿灯不亮	LM2575 坏	接入+20 V 供电电源，电源红绿灯不亮，检测 LM2575，第 4 脚对地+5 V，第 5 脚对地+20 V，如不是相参数，更换LM2575	按照此步骤进行测试后红绿灯正常发光	计算机板
8	屏幕无显示、黑屏或花屏	MAX1487 损坏	无显示黑屏：用螺丝刀拧可调电位器向左颜色变浅，向右颜色变深，花屏：更换 MAX1487	无显示、黑屏螺丝刀拧可调电位器后正常，花屏更换 MAX1487 正常	
9	充电架采样显示故障	ULN2803 集成电路或单片机 W78E058D 损坏	首先检测充电架的数据是否有问题，若没有问题，则 ULN2803 损坏，更换此件	更换 ULN2803 后显示正常	
10	不能改密或不能保存更换后的相应数据	24C16 损坏	更换 24C16	更换 24C16 后正常	
11	不能向上位机传输数据(不通信)	MAX1487 损坏	更换 MAX1487	更换 MAX1487 后正常	
12	充电位通讯连接线故障	充电插头松动，电源线接触不良	对充电插头松动，电源线接触不良现象进行重新连接	通信正常	
13	充电位不转红灯	计算机板集成电路 2803 坏	更换计算机板 2803 器件	正常转换	

4.2　KJ5LM(A1)镍氢矿灯常见问题及处理方法

KJ5LM(A1)镍氢矿灯常见问题及处理方法见表 2-4-2。

表 2-4-2　KJ5LM(A1)镍氢矿灯常见问题及处理方法

序号	故障现象	原因分析	解决措施	使用效果
1	灯缆护套开裂	属机械配合问题，此项工作已改进	售后人员按照计划带售后配件维护同时，建议营销部依据质量终结三号文件二项规定：按照质保期内矿灯数量对矿方提供周转护套	矿方反映灯缆护套更换后使用半年左右又出现反复。经技术改进新灯头后，将灯缆出线角度调整 20°，保证矿用帽灯的正常佩戴，在现有充电结构上将灯缆护套的磨损程度降到最低。电话回访最早使用新灯头矿灯张北矿，矿方反映使用良好
2	光源不亮	电池保险丝损坏、保护器损坏、灯缆损坏、电池过放没有电压都有可能造成光源不亮	逐一排查故障原因，根据故障来确定更换损坏元件，万用表测量电池正负极，如显示“0”V，则保险丝烧断，保护器两端（电池组端及灯缆端）应小于 0.5 V 为合格，压差如大于 0.5 V，则保护器损坏，灯缆线芯断裂等造成主、辅光源都不亮	根据此步骤操作，更换电池保险丝、保护器后光源正常发光
		电池电压低或无电压	用万用表测量电池组正负极电压，若显示 2.0 V 左右，则需对电池充电；若无电压则更换电池组	重新对电池进行充电后光源正常发光
		灯缆正负极线不通及短路现象	排除保护器及电池组问题后，万用表二极管档测量灯缆正极与正极（负极与负极）是否相通，若测试不通则说明灯缆线芯有断裂现象，更换灯缆	更换灯缆后正常

表 2-4-2(续)

序号	故障现象	原因分析	解决措施	使用效果
3	光源闪烁	开关问题，内部存在微短路	更换开关	更换开关光源闪烁现象不再发生
		充电不足	对矿灯做充电循环	对矿灯充电后正常
		电池本身过放	充满电后放电 2～3 h，然后再次充电，做 2 次充放电循环	做 2 次充放电循环后正常
4	点灯时间不够	充电不足、电池过放、充电位有问题、电池组容量衰减	排查故障原因、进行充放电实验更换电池组；重新对矿灯做充、放电循环试验，让电池性能恢复；电流过大，更换 LED 光源	已将东庞矿点灯不到点电池组(质保期内)交品管部进行检测，品管部已开出原材料纠正预防措施
		光源电流大(260～280 mA)点灯时间低于 14 h	更换 210 mA 光源	更换光源后已满足下井条件
		充电位插头接触不良	重新对充电插头进行连接紧固	重新对充电插头进行连接紧固后正常
5	电池组极耳断裂	电池组本身质量问题	工程人员维修的同时，矿方人员根据技术部门提供的维修工艺进行维修	根据维修工艺进行极耳修复后继续使用。此项工作已改进，更换合格供方
6	开关密封垫开裂	硅橡胶质量较差	更换耐磨损并耐酸碱的三元乙丙橡胶密封垫	此项工作已改进，更改为耐磨损并耐酸碱的三元乙丙橡胶，未出现开裂现象
7	灯头圈滑丝	灯头圈磨具使用时间过长，丝扣出现增大现象，导致灯头圈丝扣拧不紧	更换灯圈	更换后使用正常
8	镍氢上盖开裂	原材料材质问题进行增加耐磨性的模具修改	更换上盖，并将问题反馈给技术人员	更换上盖

5　井上供电设备常见问题及处理方法

供电系统故障时有发生，如何在故障发生时快速地找到故障切入点以及正确的故障判断思路是处理供电故障的重中之重。本部分对供电系统出现的常见故障及处理方法进行详细的阐述。

5.1　一般性故障及处理方法

5.1.1　油浸式变压器

变压器在运行中常见的故障有绕组、套管和分接开关及铁芯、油箱及其他附件的故障等。

5.1.1.1　绕组故障

其主要有匝间短路、绕组接地、相间短路，断线及接头开焊等。

(1) 匝间短路。

匝间短路是由于绕组导线本身的绝缘损坏产生的短路故障。匝间短路故障的现象是产生匝间短路时，变压器过热，油温增高，电源侧电流略有增大；有时油中有“吱吱”声和“咕嘟”声，严重时，油枕喷油。匝间短路故障产生的原因是变压器运行长期过载使匝间绝缘损坏。

(2) 绕组接地。

绕组接地是绕组对接地的部分短路。绕组接地时，变压器油质变坏，长时间接地会使接地相绕组绝缘老化及损坏。绕组接地产生的原因包括：雷电大气过电压及操作过电压的作用使绕组受到短路电流的冲击发生变形；主绝缘损坏、折断；变压器油受潮后绝缘强度降低。

(3) 相间短路。

相间短路是指绕组相间的绝缘被击穿造成短路。产生相间的短路时，变压器油温剧增，油枕喷油，主变三侧开关掉闸。变压器相间短路是由于变压器的主绝缘老化引起绝缘性能降低，变压器油击穿电压偏低，或者因其他故障扩大而引起的。

(4) 绕组和引线断线。

绕组和引线断线时,往往发生电弧使变压器油分解、气化。有时相间短路多是由于导线内部焊接不良,过热而熔断或匝间短路而烧断以及短路应力造成绕组折断。

5.1.1.2 套管故障

变压器套管积垢,在空气湿度较大的情况下极易造成污闪,使变压器高压侧单相接地或相间短路。

5.1.1.3 严重渗漏

变压器运行渗漏油严重或连续从破损处不断外溢以致油位计已看不到油位,此时应立即将变压器停用进行补漏和加油,引起变压器渗漏油的原因有焊缝开裂或密封件失效,运行中受到震动外力冲撞油箱锈蚀严重而破损等。

5.1.1.4 分接开关故障

常见的故障有分接开关接触不良或位置不准,触头表面熔化与灼伤及相间触头放电或各分接头放电。

(1) 无载分接开关故障。

无载分接开关弹簧压力不足滚轮压力不均,接触不良,有效接触面积减小,此外,开关接触处存在油污,接触电阻增大,在运行时将引起分接头接触面烧伤,若引出线连接或焊接不良,当受到短路电流冲击时将导致分接开关发生故障,由于分接开关编号错误,电压调节后达不到预定的要求,导致三相电压不平衡,产生环流,增加损耗,引起变压器故障。分接开关分接头板的相间绝缘距离不够,绝缘材料上有油泥堆积成受潮,当发生过电压时,也将使分接开关相间短路发生故障。

(2) 有分接开关的故障。

有载分接开关的密封不严时,由于雨水侵入将导致分接开关相间短路,分接开关的限流阻抗在切换过程中,可能被击穿、烧断,在触头间的电弧可能越拉越长,使故障扩大,造成变压器故障,由于分接开关有时滚轮卡住,使分按开关停在过渡位置上,造成相间短路。由于分接开关的附加油箱密封不严,造成油箱内与变压器内的油相通,使分接开关的油位指示出现假油位,达不到标准要求,当分接开关带电操作时,将危及分接开关的安全运行。

5.1.1.5 过电压引起的故障

运行中的变压器受到雷击时,由于雷电的电位很高,将造成变电压器外部过电压，当电力系统的某些参数发生变化时，由于电磁振荡的原因，将引起变压器内部过电压，这两类过电压所引起的变压器损坏大多是绕组主绝缘击穿，造成变压器故障。为了防止变压器过电压引起故障，一般要求变压器高压侧装设有避雷器保护，在低压侧也装设避雷器。

5.1.1.6　铁芯故障

铁芯的故障大部分原因是铁芯柱的穿心螺杆或铁芯的夹紧螺杆的绝缘损坏而引起的，其后果可能使穿心螺杆与铁芯迭片造成两点连接，出现环流引起局部发热，甚至引起铁芯的局部烧毁，也可能造成铁芯迭片局部短路，产生涡流过流，引起迭片间绝缘损坏，使变压器空载损失增大，绝缘油劣化。

运行中变压器发生故障后，如果判明是绕组或铁芯故障应吊芯检查，查明原因并处理后，经试验合格后，变压器方可投入运行。

5.1.1.7　渗漏油现象

变压器油的油面过低，使套管引线和分接开关暴露于空气中，绝缘水平将大大降低，因此易引起击穿放电。

5.1.1.8　声音异常

变压器在正常运行时，会发出连续均匀的“嗡嗡”声。如果产生的声音不均匀或有其他特殊的响声，就应视为变压器运行不正常，并可根据声音的不同查找出故障，进行及时处主 要有以下几方面故障：

(1) 电网发生过电压：电网发生单相接地或电磁共振时，变压器声音比平常尖锐。出现这种情况时，可结合电压表计的指示进行综合判断。

(2) 变压器过载运行：负荷变化大，又因谐波作用，变压器内瞬间发生“哇哇”声或“咯咯”的间歇声，监视测量仪表指针发生摆动，且音调高、音量大。

(3) 变压器局部放电：若变压器的跌落式熔断器或分接开关接触不良时，有“吱吱”的放电声；若变压器的变压套管脏污，表面釉质脱落或有裂纹存在，可听到“嘶嘶”声；若变压一器内部局部放电或电接不良，则会发出“吱吱”或“噼啪”声，而这种声音会随离故障的远近而变化，这时，应对变压器马上进行停用检测。

(4) 变压器绕组发生短路：声音中夹杂着有水沸腾声，且温度急剧变化，油位升高，则应判断为变压器绕组发生短路故障，严重时会有巨大轰鸣声，随后可能起火。这时，应立即停用变压器进行检查。

(5) 变压器外壳闪络放电：当变压器绕组高压引起出线相互间或它们对外壳闪络放电时，会出现此声。这时，应对变压器进行停用检查。

5.1.2 高压开关柜

5.1.2.1 高压开关柜在运行中突然跳闸故障如何判断和处理

（1）故障现象：这种故障原因是保护动作。高压柜上装有过流、速断等保护。当线路或变压器出现故障时，保护继电器动作使开关跳闸。跳闸后开关柜绿灯（分闸指示灯）闪亮，转换开关手柄在合闸后位置即竖直向上。中央信号系统有声光报警信号，微机保护装置有“保护动作”的告警信息。

（2）判断方法：判断故障原因可以根据故障信息等情况进行判断。保护器动作时红色的发光二极管亮，可以明确判断动作原因。

（3）处理方法：过载跳闸，是因为线路过负荷。在送电前应当与用户协商减少负荷防止送电后再次跳闸。速断跳闸时，应当检查母线、变压器、线路。找到短路故障点，将故障排除后方可送电。过流和速断保护动作使开关跳闸后继电器可以复位，利用这一特点可以和温度、瓦斯保护区分。变压器发生内部故障或过负荷时瓦斯和温度保护动作。如果是变压器内部故障使重瓦斯动作，必须检修变压器。如果是新移动、加油的变压器发生轻瓦斯动作，可以将内部气体放出后继续投入运行。温度保护动作是因为变压器温度超过整定值。如果定值整定正确，必须设法降低变压器的温度。可以通风降低环境温度，也可以减少负荷减低变压器温升。如果整定值偏小，可以将整定值调大。通过以上几个方法使温度接点打开，开关才能送电。

5.1.2.2 高压开关柜储能故障如何判断和处理

当电动不能储能分别有电机故障控制开关损坏、行程开关调节不当和线路其他部位开路等。表现形式有电机不转、电机不停、储能不到位等。

（1）行程开关调节不当：行程开关是控制电机储能位置的限位开关。当电机储能到位时将电机电源切断。如果限位过高时，机构储能已满。故障现象是：电机空转不停机、储能指示灯不亮。限位调节过低时，电机储能未满提前停机。由于储能不到位开关不能合闸。调节限位的方法是手动慢慢储能找到正确位置，并且紧固。

（2）电机故障：如果电机绕组烧毁，将有异味、冒烟、保险熔断等现象发生。如果电机两端有电压，电机不转。可能是炭刷脱落或磨损严重等故障。判断是否是电机故障的方法有测量电机两端电压、电阻或用其他好的电机替换进行检查。

（3）控制开关故障或电路开路：控制开关损坏使电路不能闭合及控制回

路断线造成开路时，故障表现形式都是电机不转、电机两端没有电压。查找方法是用万用表测量电压或电阻。测量电压法是控制电路通电情况下，万用表调到电压档，如果有电压(降压元件除外)被测两点间有开路点。用测量电阻法应当注意旁路的通断，如果有旁路并联电路，应将被测线路一端断开。

5.1.2.3　高压开关柜合闸故障如何判断和处理

合闸故障可分为电气故障和机械故障。合闸方式有手动和电动两种。手动不能合闸一般是机械故障。手动可以合闸，电动不能合闸是电气故障。高压开关柜电动不能合闸时有保护动作、防护故障、电气连锁、辅助开关故障等。

(1) 保护动作：在前面已经分析过保护动作使开关跳闸。开关送电前线路有故障保护回路使防跳继电器作用。合闸后开关立即跳闸。即使转换开关还在合闸位置，开关也不会再次合闸连续跳跃。另外，对于负荷开关＋熔断器柜，如果一次熔断器烧坏，也可引起开关不能合闸。

(2) 防护故障：现在高压柜内都设置了五防功能，对于中置柜，要求开关不在运行位置或试验位置不能合闸。也就是位置开关不闭合，电动不能合闸。这种故障在合闸过程中经常遇到。此时运行位置灯或试验位置灯不亮。将开关手车稍微移动使限位开关闭合即可送电。如果限位开关偏移距离太大，应当进行调整。对于环网柜，应检查柜门是否关上，接地开关是否在分闸位置。

(3) 电气连锁故障：高压系统中为了系统的可靠运行设置一些电气连锁。例如在两路电源进线的单母线分段系统中，要求两路进线柜和母联柜这三台开关只能合两台。如果三台都闭合将会有反送电的危险。并且短路参数变化，并列运行短路电流增大。进线柜连锁电路串连母联柜的常闭接点，要求母联柜分闸状态进线柜可以合闸。母联柜的连锁电路是分别用两路进线柜的一个常开和一个常闭串连后再并连。这样就可以保证母联柜在两路进线柜有一个合闸另一个分闸时方可送电。在高压柜不能电动合闸时，首先应当考虑是否有电气连锁，不能盲目地用手动合闸。电气连锁故障一般都是操作不当，不能满足合闸要求。例如合母联虽然进线柜是一分一合，但是分闸柜内手车被拉出，插头没有插上。如果连锁电路发生故障，可以用万用表检查故障部位。利用红、绿灯判断辅助开关故障简单方便，但是不太可靠。可以用万用表检查确定。检修辅助开关的方法是调整固定法兰的角度，调整辅助开关连杆的长度等。

(4) 控制回路开路故障：在控制回路中控制开关损坏、线路断线等都使合闸线圈不能得电。这时候合闸线圈没有动作的声音。测量线圈两端没有电压。检查方法是用万用表检查开路点。

(5) 合闸线圈故障:合闸线圈烧毁是短路故障。这时候有异味、冒烟、保险熔短等现象发生。合闸线圈设计为短时工作制,通电时间不能太长。合闸失败后应当及时查找原因,不应该多次反复合闸。特别是CD型电磁操作机构的合闸线圈,由于通过电流较大多次合闸容易烧坏。

5.1.2.4 高压开关柜分闸故障如何判断和处理

分闸故障也可分为机械故障和电气故障。电气故障主要有控制回路开路、线圈故障、辅助开关故障等。

(1) 故障现象:当红灯不亮时电动不能分闸是辅助开关故障。分闸线圈烧坏时有冒烟、异味、保险熔短等明显现象发生。控制回路开路故障是指转换开关及其他部位断线,这时跳闸线圈不能得电。

(2) 在检查线圈故障时可以用万用表测量线圈两端电阻。电阻过小或为零时内部匝间短路,电阻无穷大时内部开路。查找开路故障的方法是用万用表测量电压、电阻进行判断。开路点有电压,电阻无穷大。

5.1.2.5 高压开关柜机械故障如何判断和处理

高压柜常见的机械故障主要有:机械连锁故障、操作机构故障等。故障部位多是紧固部位松动、传动部件磨损、限位调整不当等。

(1) 机械连锁故障。

为了保证开关的正确操作,开关柜内设置了一些机械连锁。例如手车进出柜体时开关必须是分闸。开关合闸时不能操作隔离开关等。这类故障形式多样,应当沿着机械传动途径进行查找。一般防护机构比较简单,与其他机构很少交叉,查找比较方便。如中置柜中断路器不能达到工作位置原因,就可能是以下几种情况引起:

① 检查接地开关是否在分位,检查断路器室航空插头与航空插座是否连接可靠。

② 检查接地开关在断路器室的连锁片是否复位。

③ 检查断路器室内侧的上下活门挡板是否到位,如未到位需调试活门挡板和连杆是否变形或卡滞。如断路器在试验位置(停用位置)活门挡板已经复位,接地开关的确处于分位。此时需检查断路器本体两侧的活门挡板滑槽是否处于同一高度,如没处于同一高度则需调节到同一高度。

④ 检查断路器本体下端右侧的活舌是否灵活,若有卡滞则需调节灵活。

(2) 操作机构故障。

操作机构出现故障最多的部位是限位点偏移。调整的方法是改变限位螺栓长度和分闸连杆的长度。

5.2　事故紧急处理方法汇总

5.2.1　35 kV 变电所突发接地事故

（1）切除故障进线线路，拉出断路器小车机构，如若小车机构限位刀闸（接地刀闸）不能正常拉出可暂不拉出。

（2）恢复另一趟电源带载全矿负荷。

（3）完成送电后，检查各个线路运行情况。依次为扇风机、下井回路、副井回路、低压系统及其他负荷是否有电，没电恢复。

（4）对将故障进线开关二次回路电源断开。

5.2.2　谐波站负载开关高压真空接触器损坏

5.2.2.1　方法一

（1）首先对谐波补偿站 6 kV 进线柜 6112 高柜进行停电操作，并拉开上下隔离刀闸。

（2）依次对补偿站出线柜进行分闸操作（由高次谐波向低次谐波操作）。

（3）将损坏高压真空接触器刀闸断开。

（4）恢复 6112 高柜供电，依次恢复补偿站其他负荷高柜供电。

5.2.2.2　方法二

（1）首先对损坏接触器的高压开关柜进行分闸操作（断开接触器），观察开关柜对面监控屏运行负载电流（观察三相电流监测）。若三相不平衡说明发生粘连，需对谐波站进线柜 6112 进行分闸操作；若三相平衡，需对电流进行加合计算，总电流等于送电负载高柜电流时，可判断接触器断开；如若总电流大于送电负载高柜电流时，可判断接触器发生粘连，需对谐波站进线柜 6112 进行分闸操作。

（2）若接触器发生粘连，则需对 6112 进行分闸操作可遵循方法一进行操作。

（3）若接触器为发生粘连，则可直接将故障高柜刀闸断开即可。

5.2.3　远控箱进水导致水泵启动柜连续分合闸

（1）将水泵启动柜“远近控”转换开关切至近控，对启动柜进行分闸操作。

如若完成分闸操作，查看保护器有无运行电流，无电流可将断路器机构拉出。

（2）如若切换至近控无法完成启动柜分闸操作，启动柜仍然出现联系分合闸现象，可将柜内所有二次回路开关（或熔断器）断开，使二次回路完全断电，随后进行手动分闸，确认水泵未运转后，可将断路器机构拉出。

（3）将相邻水泵的控制柜切换至近控，拉出断路器机构，检查相邻水泵远控箱内部情况。

6　矿井主排水泵常见问题及处理方法

6.1　多级离心泵常见问题及处理方法

6.1.1　启泵后泵压下降或泵不上水

主要原因：

① 放气不彻底、泵内有空气。

② 水泵吸水龙头杂物堵塞。

③ 无底阀自动灌泵阶梯总承内淤泥较多或杂物堵塞过滤网。

④ 平衡管堵塞或冷却管堵塞导致平衡装置磨损严重。

⑤ 离心泵吸水侧密封不严、漏失导致泵内进空气。

处理方法：

① 重新放气至液体自然从顶部放气阀流出为止。

② 检查吸水龙头，清理堵塞物。

③ 检查无底阀自动灌泵阶梯总承，清理淤泥和杂物。

④ 检查平衡管和冷却管，疏通或进行更换。

⑤ 检查更换离心泵吸水侧机械密封或调整锁紧螺母。

6.1.2　离心泵排量、压力下降

主要原因：

① 吸水龙头或无底阀自动灌泵阶梯总承堵塞杂物。

② 平衡板与平衡盘配合间隙不当。

③ 由于汽蚀和磨损导致叶轮损坏严重。

处理方法：

① 清除吸水龙头或无底阀自动灌泵阶梯总承堵塞物。

② 按步骤重新调整锁紧螺母。

③ 返厂更换叶轮。

6.1.3 离心泵运行过程中，平衡盘磨损，泵窜量超过规定范围

主要原因：

① 矿井水杂质太多造成水泵平衡盘磨损。

② 装配不当，造成泵轴允许串量过大或过小。

③ 轴承磨损，间隙变大造成轴允许窜量过大。

④ 锁紧螺母松动，平衡盘与平衡板间隙过小。

⑤ 电机轴与泵轴之间不同心引起平衡盘与平衡板之间配合间隙过大。

处理方法：

① 重新调整锁紧螺母，校对平衡间隙。

② 返厂调整装配间隙。

③ 更换轴承。

④ 重新调整锁紧螺母。

⑤ 调整设备同心度。

6.1.4 离心泵运行中平衡管、水泵出水侧发烫

主要原因：

① 平衡盘磨损量太大失去作用。

② 轴承冷却管堵塞引起温度上升。

③ 设备不同心，造成出水侧机械密封及轴承磨损。

处理方法：

① 检查更换平衡板。

② 检查更换出水侧轴承，疏通、更换冷却管并定期检查。

③ 调整同心度。

6.1.5 泵体剧烈振动或产生噪声

主要原因：

① 启泵时无底阀自动灌泵阶梯总承未充满水引起汽蚀振动。

② 电机或水泵轴承损坏。

③ 泵主轴与电机主轴不同心。

处理方法：

① 无底阀自动灌泵阶梯总承溢流管出水后方可启泵。

② 更换新轴承。

③ 调整好泵与电机的相对位置。

6.2 管路常见问题及处理方法

（1）当管子接口法兰盘的衬垫损坏时，应先停运相应设备，再根据管子规格更换衬垫。

（2）当法兰盘损坏时，先停运相应设备，按管子规格做外圆、厚度与原法兰盘相同、一侧带缺口的插盘，装在原位置紧固好。

（3）管子轻微破损而漏气、漏水时，可在破损处打卡子进行处理。

7 原煤线设备常见问题及处理方法

7.1 带式输送机常见故障及处理

常见故障有胶带跑偏，滚筒打滑，托辊损坏、脱落或不转，减速箱及电动机工作异常，传感器感应不灵敏等；胶带跑偏严重时必须停机调整，滚筒打滑时合理调整胶带张紧装置，托辊出现问题应停机更换，机电故障应停机仔细检查直到解决。传感器不灵敏的应适当调整或更换。

7.2 刮板输送机常见故障及处理

机头机尾掉连，刮板错链，漂链、刮板磨损严重，链条太紧，刮板有卡阻现象，运行时有异常声响，减速机温度过高，油位不合适等。如果发现在运行中有异常时应该及时停机，检查、处理、更换磨损严重的刮板，调节链条松紧程度，及时清理大块煤，对于减速机异常的，要仔细检查减速机的轴承和油液，自己不能处理的要报告当班班长或者跟班人员。

7.3 破碎机常见故障及处理

物料太大或有其他杂物造成卡堵，运行时有异常声响，减速机温度过高，油位不合适等。如果发现在运行中有异常时应该及时停机，检查、处理。出现卡堵时及时清理大块煤及其他杂物，对于减速机异常的，要仔细检查减速机的轴承和油液，自己不能处理的要报告当班班长或者跟班人员。

7.4　给煤机常见故障及处理

7.4.1　接通电源给煤机不启动

原因分析：

(1) 电源线路不通；(2) 电机卡阻；(3) 与其他设备制约。

处理办法：

(1) 检查三相电源是否缺相；(2) 消除卡阻；(3) 排除制约。

7.4.2　振幅小、横向摆动，物料走偏

原因分析：

(1) 两台电机同向运转；(2) 两台电机中有一台不工作。

处理办法：

(1) 调换接线，保证两台电机反向运转；(2) 更换损坏的电机。

7.4.3　振动电机温升过高

原因分析：

(1) 给煤机超负荷工作；(2) 轴承损坏引起电机转子扫膛；(3) 电机缺相运转。

处理办法：

(1) 减小给煤机的进料量；(2) 更换轴承；(3) 查找电路。

7.4.4　电流增大

原因分析：

(1) 单电机工作；(2) 给煤机超负荷工作；(3) 轴承损坏或缺润滑脂。

处理办法：

(1) 更换已坏电机；(2) 减小给煤机的进料量；(3) 换轴承或加润滑脂。

7.4.5　噪声大

原因分析：

振动电机底脚螺栓松动或断裂。

处理办法：

重新紧固地脚螺栓，更换已坏螺栓。

7.5 滚轴筛常见故障及处理

7.5.1 按下启动按钮，电动机不转动

原因分析：

(1) 按钮接线不良或控制回路故障；(2) 无动力电源；(3) 无操作电源；(4) 电动机本身损坏。

7.5.2 滚轴筛筛轴运行中突然停止不动

原因分析：

(1) 电动机的热保护动作；(2) 不易破碎的东西进入。

处理方法：

(1) 属电气问题，通知车间联系电气检查处理；(2) 在保证安全的条件下，用专用工具清除筛轴和梳子之间的积煤杂物，并通知检修班更换剪断的螺钉。

7.5.3 滚轴筛出力不足

原因分析：

(1) 煤的水分过大；(2) 煤的粒度过大；(3) 筛轴间有严重的卡堵现象。

处理方法：

(1) 减少煤源设备出力；(2) 停止设备运行并检查筛面情况；(3) 筛选性能不好。

7.5.4 轴承温度高

原因分析：

(1) 润滑油过多或不足；(2) 轴承内套与轴、轴承外套与轴承座之间相对运动。

7.5.5 电动机减速机异常振动、响声或出现过热现象

原因分析：

(1) 电动机、减速机底座地脚固定螺栓松动；(2) 过负荷运行；(3) 电动机

或减速机自身故障。

处理方法：

汇报班长，减少系统出力并注意观察，严重时立即停机，通知检修检查处理。

7.6 刮板输送机常见故障及处理

7.6.1 电动机工作，但刮板链不动

原因分析：

(1) 刮板链卡；(2) 负荷过大；(3) 液力耦合器的油量不足；(4) 液力耦合器易熔合金保护塞损坏。

处理方法：

(1) 处理被卡的刮板链；(2) 将上槽煤挑掉一部分；(3) 按规定补充油量；(4) 更换易熔合金保护塞并充油。

7.6.2 电动机不能启动

原因分析：

(1) 电气线路损坏；(2) 单项运转。

处理方法：

(1) 检查线路，修复损坏部分；(2) 检查原因并排除。

7.6.3 电动机温度过高

原因分析：

(1) 超负荷长时运行；(2) 通风散热条件不好。

处理方法：

(1) 减轻负荷；(2) 清除电动机周围的杂物。

7.6.4 减速器声音不正常

原因分析：

(1) 伞齿轮调整不合适；(2) 轴承、齿轮磨损严重或损坏；(3) 轴承游隙过大；(4) 减速器内有杂物。

处理方法：

(1) 重新调整好;(2) 更换磨损或损坏的部件;(3) 重新调整好;(4) 清除杂物。

7.6.5 减速器温度过高

原因分析:

(1) 润滑油污染严重;(2) 油位不符合要求;(3) 冷却不良,散热不好。

处理方法:

(1) 更换润滑油;(2) 按规定注油;(3) 清除减速器周围的杂物,对水冷减速器还应检查供水情况。

7.6.6 减速器漏油

原因分析:

(1) 密封圈损坏;(2) 箱体结合面不严。

处理方法:

(1) 更换密封圈;(2) 拧紧螺钉。

7.6.7 两个液力耦合器中的一个温度过高

原因分析:

两个液力耦合器的油量不等。

处理方法:

调整油量,使之均衡。

7.6.8 液力耦合器漏油

原因分析:

(1) 注油塞或易熔合金保护塞松动;(2) 密封圈或垫圈损坏。

处理方法:

(1) 拧紧保护塞;(2) 更换密封圈或垫圈。

8　污水处理站常见问题及处理方法

在日常生产中，经常会遇到设备发生这样或那样的问题，我们结合设备说明书及日常处理中总结的经验，将污水处理站主要设备出现的常见问题及处理方法总结如下：

8.1　立式排污泵不吸水

可能产生的原因：

(1) 泵内灌水量不够。(2) 吸水管路或密封仪表漏水。(3) 泵启动时出口阀门开启太大。(4) 底阀淹没度不够。(5) 进水管路漏气。(6) 进或出水管路堵气。

排除解决办法：

(1) 检查底阀是否漏水并重新灌水。(2) 检查管路和仪表是否泄漏并紧固封堵。(3) 启动时出口阀门关闭，转速正常后慢慢开启出口阀门。(4) 调整底阀淹没度至 1.5 倍进水管径以上。(5) 检查进水管路，封堵漏气位置。(6) 重新安装进水管路、打开排气阀排气

8.2　立式排污泵不出水但压力表有压力

可能产生的原因：

(1) 出口管阻力太大或止回阀未打开。(2) 电机反转。(3) 叶轮堵塞。

排除解决办法：

(1) 检查出水管路，维修、更换止回阀。(2) 重新检查电机配线。(3) 清理叶轮内的杂物。

8.3 立式排污泵达不到设计流量及扬程

原因分析：

(1) 有空气吸入。(2) 叶轮、进水管路、过滤器部分堵塞。(3) 水位降低、淹没深度不够。(4) 口环磨损严重。(5) 转速不够。

排除解决办法：

(1) 水泵排气。(2) 拆卸并清理异物。(3) 加深淹没深度。(4) 更换口环。(5) 检查电压及电源频率。

8.4 加药箱不供药

原因分析：

(1) 药品用完。(2) 过滤网堵塞。(3) 单向阀堵塞。(4) 背压阀堵塞。(5) 流量刻度太小。(6) 计量泵损坏

排除解决方法：

首先观察计量泵运转是否正常，如果运转正常再检查计量泵的刻度尺，看看是否在正常范围内，然后再观察药品箱内存药是否用完。如果是两个问题，那么就要依次清理过滤网、泵前泵后单向阀、背压阀，取出堵塞杂物，即可恢复供药。

8.5 板框压滤机常见故障及处理方法

板框压滤机常见故障及排除方式如下。

(1) 油压不足。当发现油压不足时，可能有如下原因：溢流阀调整不当、阀内漏油、油缸密封圈磨损厉害、管路外泄漏、电磁换向阀未到位、柱塞泵损坏、油位不够。检查出问题后对磨损部件及时更换或修补便可重新顺利运行。

(2) 滤板之间跑料。出现这种情况多是由于油压不足、滤板密封面夹有杂物、滤布不平整、低温板用于高温物料使滤板变形、进料泵压力或流量超高，及时检查，做出调整或更换相应部件即可。

(3) 滤液不清。这是污泥污水处理最担心遇到的问题之一，但也并不是板框压滤机有大的问题，多和滤布有关系。如果板框压滤机的滤布不适合此物料，则要及时更换。滤布皮损、开口过大、缝合处开线针脚过大，都可能造成

滤液不清。所以压滤机要选择做工精细、材质适合的滤布，在压滤机运行一段时间后，要检查滤布磨损情况。

（4）滤板向上抬起。这多是由于安装基础不稳，滤板密封面除渣不净，半挡圈内球垫偏移，只需重新修正地基，除渣，调节半挡圈即可。

（5）主梁弯曲。油缸端地基粗糙，自由度不够，滤板排列不齐，滤布密封面除渣不净，操作人员对地基进行调整或重新布置安装，将滤板重新排列，清洗滤布。

（6）滤板破裂。首先要更换滤板，是机器能正常运行。造成滤板破裂的原因可能是进料压力过高、温度高、速度快、滤板进料孔堵塞，滤布破损等，查到原因后作出调整，以免滤板再次破裂造成浪费。

（7）保压不灵。可能的原因有油路泄漏、活塞密封圈磨损、液控单向阀失灵、安全阀泄漏等，及时解决查获的问题，使机器正常运行。

（8）压紧、回程无动作。油位不够、柱塞泵损坏、回程溢流阀弹簧松弛、电磁阀无动作都可能造成压紧、回程运作不良，检查以上 4 项后及时解决，板框压滤机变可正常压滤了。

（9）拉板装置失灵。首先检查拉板系统电气与电磁阀，再看看传动系统是否被卡，然后逐一解决。

8.6　电动蝶阀常见问题及处理方法

（1）电动蝶阀不能换向或换向动作缓慢，主要是因润滑不良、弹簧损坏或被卡住、油污或杂质卡住滑动部分等原因引起的。对此，应先检查油雾器的工作是否正常；润滑油的黏度是否合适。必要时，应更换润滑油，清洗电动蝶阀的滑动部分，或更换弹簧和电动蝶阀。

（2）电动蝶阀经长时间使用后易出现阀芯密封圈磨损、阀杆和阀座损伤的现象，导致阀内气体泄漏，阀的动作缓慢或不能正常换向等故障。此时，应更换密封圈、阀杆和阀座，或将电动蝶阀换新。

（3）若电磁先导阀的进、排气孔被油泥等杂物堵塞，封闭不严，活动铁芯被卡死，电路有故障等，均可导致电动蝶阀不能正常换向。对前 3 种情况应清洗先导阀及活动铁芯上的油泥和杂质。

（4）电路的故障，电路故障一般又分为控制电路故障和电磁线圈故障两类。在检查电路故障前，应先将电动蝶阀的手动旋钮转动几下，看电动蝶阀在额定的气压下是否能正常换向，若能正常换向，则是电路有故障。检查时，可用仪表测量电磁线圈的电压,看是否达到了额定电压,如果电压过低,应进一步检查控制电路中的电源和相关联的行程开关电路。如果在额定电压下电动蝶阀不能正常换向,则应检查电磁线圈的接头(插头)是否松动或接触不实。方法是,拔下插头,测量线圈的阻值,如果阻值太大或太小,说明电磁线圈已损坏,应更换。

(5) 蝶板及密封面夹有杂物或关闭位置吻合不正以及出口侧配置装法兰螺栓受力不均都会导致电动蝶阀密封面发生泄露;而两侧密封垫片失效、管法兰紧力不均或未压紧和密封圈上、下封垫片失效则会导致电动蝶阀两端面泄露。当电动蝶阀出现故障时,要根据以上的故障排除方法一一检查排除,方能保证操作正常进行。

8.7 电磁流量计问题及解决方法

电磁流量计在运行中产生的故障有两种:一是仪表本身故障,即仪表结构件或元器件损坏引起的故障;二是由外部原因引起的故障,如安装不妥流动畸变、沉积和结垢等。

8.7.1 输出信号超满度量程

原因分析:

(1) 信号电缆接线出现错误或电缆连接断开。

(2) 转换器的参数设定不正确。

(3) 转换器与传感器型号不配套。

解决方案:

(1) 检查信号回路连接正常与否,若信号回路断开,输出信号将超满度值,此时需重新正确连接信号电缆。同时,需检查电缆的绝缘性能是否完好,若已经不符合要求,则需更换新的电缆。

(2) 详细检查转换器的各参数设定和零点、满度是否符合要求。

(3) 检查到转换器与传感器的型号不配套,则需要与厂方联系调换。

8.7.2 输出值波动

原因分析:

造成此类故障大多是由测量介质或外界环境的影响造成的,在外界干扰排除后故障可自行消除。为保证测量的准确性,此类故障也不可忽视。在有些生产环境中，由于测量管道或液体的震动大，会造成流量计的电路板松动，也可引起输出值的波动。

解决方案：

(1) 确认是否为工艺操作原因，流体确实发生脉动，此时流量计仅如实反映流动状况，脉动结束后故障可自行消除。

(2) 外界杂散电流等产生的电磁干扰。检查仪表运行环境是否有大型电器或电焊机在工作，要确认仪表接地和运行环境良好。

(3) 管道未充满液体或液体中含有气泡时，两者皆为工艺原因引起的。此时可请求工艺人员确认，待液体满管或气泡平复后，输出值可恢复正常。

(4) 变送器电路板为插件结构，由于现场测量管道或液体震动大，常会造成流量计的电源板松动。如松动，可将流量计拆卸开，重新固定好电路板。

8.7.3　流量测量值与实际值不符

原因分析：

(1) 变送器电路板是否完好。

(2) 当液体流速过低时，被测液体中含有微小气泡，气泡上升在管道上方逐渐聚集，则液体流通面积发生变化，气体多时还会产生干扰信号，影响测量准确度。

(3) 信号电缆出现连接不好现象或使用过程中电缆的绝缘性能下降引起测量不准确。

(4) 转换器的参数设定值不准确。

解决方案：

(1) 检查变送器电路板是否完好。若接线盒进水或被腐蚀性被测液体腐蚀，可导致电器性能下降或损坏。此时应更换电路板。

(2) 保证管道内被测液体的流速在最低流量界限值之上，以使变送器能够正常工作。

(3) 检查信号电缆连接和电缆的绝缘性能是否完好，若出现信号电缆松动现象，将其重新连接即可；若检查到电缆的绝缘性不符合绝缘要求，则需要换新的电缆。

(4) 重新对转换器设定值进行设定，并对转换器的零点、满度值进行校验。

8.7.4 零点不稳

原因分析：

(1) 管道未充满液体或液体中含有气泡。

(2) 主观上认为管泵液体无流动而实际上存在微小流动。

(3) 液体方面(如液体电导率均匀性不好、电极污染等)的原因。

(4) 信号回路绝缘下降。

解决方案：

(1) 管道未充满液体或液体中含有气泡皆为工艺原因，此时应请求工艺人员确认，工艺正常后，输出值可恢复正常。

(2) 管道内有微量流动，这不是电磁流量计故障。

(3) 若杂质沉积测量管内壁或在测量管内壁结垢，或电极被污染，均有可能出现零点变动，此时必须清洗；若零点变动不大，也可尝试重新调零。

(4) 由于受环境条件的影响，灰尘、油污等可能进入表壳体内，因此，需要检查电极部位绝缘是否下降或破坏，若不符合绝缘要求，则必须进行清理。

8.7.5 仪表无流量信号输出

原因分析：

(1) 仪表供电不正常。

(2) 电缆连接不正常。

(3) 液体流动状况不符合安装要求。

(4) 传感器零部件损坏或测量内壁有附着层。

(5) 转换器元器件损坏。

解决方案：

(1) 确认已接入电源，检查电源线路板输出各路电压是否正常，或尝试置换整个电源线路板，判别其好坏。

(2) 检查电缆是否完好，连接是否正确。

(3) 检查液体流动方向和管内液体是否充满。对于能正反向测量的电磁流量计，若方向不一致虽可测量，但设定的显示流量正反方向不符，必须改正。若拆传感器工作量大，也可改变传感器上的箭头方向和重新设定显示仪表符号。管道未流满液体主要是传感器安装位置不妥引起的，应在安装时采取措施，避免造成管道内液体不满管。

(4) 检查变送器内壁电极是否覆盖有液体结疤层，对于容易结疤的测量液体，要定期进行清理。

(5) 若判断为是转换器元器件损坏引起的故障，更换损坏的元器件即可。

8.8　刮泥机常见问题及解决方法

8.8.1　刮泥机自动无法运行，手动运行正常

出现这个问题一般情况下是时间继电器出现问题，解决方法为更换时间继电器。

8.8.2　刮泥机只能前进、后退，不能起耙、落耙

原因分析：

(1) 卷扬机电机或减速机出现故障。

(2) 主轴连接销损坏。

(3) 起耙、落耙超限位。

解决方法：

(1) 检查卷扬机电机和减速机是否能够正常工作，若有问题及时维修。

(2) 检查主轴连接销是否齐全。

(3) 检查起耙、落耙限位接近开关和超限位接近开关，若超限位接近开关吸合则说明相应的限位开关故障，需要更换相应的限位开关并复位超限位开关。

8.8.3　刮泥机只能起耙、落耙，不能前进、后退

原因分析：

(1) 行走电机或减速机出现故障。

(2) 前进、后退超限位。

解决办法：

(1) 检查行走电机和减速机是或否能够正常工作，若有问题及时维修。

(2) 检查前进、后退超限位开关是否工作。若超限位开关工作,则说明相应位置的限位开关出现故障。需要更换相应的限位开关并复位限位开关。

8.9 罗茨风机常见故障原因及解决方案

8.9.1 罗茨风机温度过高

原因分析:

(1) 油箱内油太多,太稠,大脏。

(2) 过滤器或消声器堵塞。

(3) 压力高于规定值。

(4) 叶轮过度磨损,间隙大。

(5) 通风不好,室内温度高,造成进口温度高。

解决方案:

(1) 降低油位或换油。

(2) 清除堵物。

(3) 降低通过鼓风机的压差。

(4) 修复间隙。

(5) 开设通风口,降低室温。

8.9.2 风机流量不足

原因分析:

(1) 进口过滤堵塞。

(2) 叶轮磨损,间隙增大得太多。

(3) 胶带打滑。

(4) 进口压力损失大。

解决方案:

(1) 降低油位。

(2) 更换密封。

(3) 拉紧胶带。

(4) 疏通通风口。

8.9.3　罗茨风机漏油或者漏到机壳里

原因分析：

(1) 油箱位太高,由排油口漏出。

(2) 密封磨损,造成轴端漏油。

(3) 压力高于规定值。

解决方案：

(1) 清除过滤器的灰尘和堵塞物。

(2) 修复间隙。

(3) 拉紧胶带并增加根数。

(4) 调整进口压力达到规定值。

(5) 检查并修复管道。

(6) 加大转速，防止胶带打滑。

8.9.4　罗茨风机异常振动或者噪声

原因分析：

(1) 滚动轴承游隙超过规定值或轴承座磨损。

(2) 齿轮侧隙过大,不对中,固定不紧。

(3) 由于外来物和灰尘造成叶轮与叶轮,叶轮与机壳撞击。

(4) 由于过载,轴变形造成叶轮碰撞。

(5) 由于过热造成叶轮与机壳进口处摩擦。

(6) 由于积垢或异物使叶轮失去平衡。

(7) 地脚螺栓及其他紧固件松动。

解决方案：

(1) 更换轴承或轴承座。

(2) 重装齿轮并确保侧隙。

(3) 清洗鼓风机,检查机壳是否损坏。

(4) 检查背压,检查叶轮是否对中,并调整好间隙。

(5) 检查过滤器及背压,加大叶轮与机壳进口处间隙。

(6) 清洗叶轮与机壳,确保叶轮工作间隙。

(7) 拧紧地脚螺栓并调平底座。

8.9.5 罗茨风机电机超载

原因分析：

(1) 与规定压力相比，压差大，即背压或进口压力太高。

(2) 与设备要求的流量相比，风机流量太大，因而压力增大。

(3) 进口过滤堵塞，出口管道障碍或堵塞。

(4) 转动部件相碰和摩擦(卡住)。

(5) 油位太高。

(6) 窄 V 形胶带过热，振动过大，胶带轮过小。

解决方案：

(1) 降低压力到规定值。

(2) 将多余气体放到大气中或降低鼓风机转速。

(3) 清除障碍物。

(4) 立即停机，检查原因。

(5) 将油位调到正确位置。

(6) 检查胶带张力，换成大直径的胶带轮。

8.9.6 罗茨鼓风机的电机不转

原因分析：

(1) 超载：一般由空气滤清器堵塞，排气管道堵塞，搬运碰撞转子靠偏引起。

(2) 电机：① 绝缘不良；② 灰尘太多；③ 进水；④ 轴承损坏。

(3) 接线不良线路中断。

(4) 保险丝断了。

(5) 风机不良。

① 无润滑油研伤：此原因造成由于空载下运行，漏油，风机过滤接头滤网堵塞，管道破损，空气滤清器堵塞，油箱内油量不足。② 混进沙尘等污物。③ 进水生锈。④ 转子靠偏，轴承损坏。

(6) 电压太低。

(7) 过热跳闸了。

8.9.7 罗茨鼓风机的排气不足

原因分析：

(1) 润滑油不足。

(2) 油质不良。

(3) 油道漏风。

(4) 进口滤器堵塞。

(5) 胶带打滑过松。

9 主要通风机常见问题及处理方法

为了避免由于维护不当而引起人为故障及事故的发生，预防通风机及电机各方面的自然故障机事故的发生，从而发挥设备的效能，延长设备的使用寿命，需加强通风机的维护。

9.1 机械故障

9.1.1 机械故障原因分析

矿井主通风机常有机械故障主要有轴承温度过高，其原因如下。

(1) 轴承注油过多。在主要通风机中轴承润滑多用润滑脂，也有少数用润滑油的，油脂过多会使散热条件变坏引起发热，使润滑油脂分解，失去润滑性能。轴承在新安装或还油后的最初几小时，温度也会随之上升，但经过一段时期后会趋于稳定，并逐渐回落到允许范围，这是正常现象。

(2) 油脂质量不好或油脂老化变质。

(3) 油脂不清洁。润滑油脂不清洁，会增加摩擦，引起发热。

(4) 轴承缺油，油道被堵或补充不及时，造成供油中断，发生干摩擦，温度会急剧上升。

(5) 轴承箱激烈振动，加大轴承负荷而发热。

(6) 轴承装配不良而引起轴承过热现象。

① 滑动轴承轴瓦顶间隙过小。

② 轴承箱盖与座连接螺栓紧力过大或过小。

③ 由于轴与轴承安装歪斜，前后轴承不同心，或联轴器找正不好使两根轴同轴度误差过大。

④ 轴承内圈与轴装配过松或过紧。

⑤ 轴承外圈与座装配过松或过紧。

⑥ 一轴多轴承都给定位，当环境温度变化时轴伸缩，造成滚子卡死而

发热。

9.1.2　机械故障预防措施及解决办法

预防措施及解决办法：

① 减少注油，润滑油注到油标位置；润滑脂注到油腔的 1/3～1/2 高度处。

② 使用合格的油脂。

③ 使用清洁的油脂。

④ 缺油要立即补充；对压力润滑系统，要疏导管道，保持油路畅通，并保持一定油压，储油箱油位下降的应补充油量。

⑤ 轴承箱剧烈振动，要根据具体情况，进行处理。

⑥ 轴承的安装要注重质量，严格找正和验收。

9.2　电气系统故障

主要通风机电气系统最常见故障是电动机故障。

9.2.1　电动机电流过大，温升过高

原因分析：

(1) 线路电压过高或过低，过负荷或电源单相断电。

(2) 冷却空气量不足，流动空气温度过高或短路吸风现象，造成风流过大。

(3) 闸间短路及电机不清洁。

(4) 联轴器连接不正，皮圈过紧或间隙不均匀。

(5) 电动机容量与通风机容量不适合。

预防措施：

① 保持线路电压稳定，降低负荷。

② 经常检查冷却空气量，使冷却空气量维持在正常状态，消除短路吸风现象。

③ 定期检查、检修电机，消除短路，经常清扫电动机。

④ 提高联轴器安装质量，保证皮圈装配间隙均匀、合格。

⑤ 安装前对电机合理选型，使之与风机配套。

9.2.2 跳闸或接地选择

原因分析：

① 工作电压过高。

② 腐蚀性气体的损坏。

③ 电机太脏、过热、机械碰伤、湿度过高。

预防措施：

① 保持电压稳定。

② 经常清除有害气体。

③ 经常清扫电动机，降低负荷，避免碰撞，保持干燥。

9.2.3 电刷跳动，冒火或短路

原因分析：

① 电刷磨的不好，压力过低，电刷牌号不对、数量不足或截面太小，有污染。

② 集电环不圆，环上铜、石墨粉末太多。

③ 转子和启动电阻匹配不好。

预防措施：

① 严把设计、安装验收关，保证电刷合格，经常清扫电刷。

② 消除集电环存在不圆现象，经常清扫集电环以去掉环上的铜及粉末。

③ 设计、安装时保证转子和电阻匹配。

9.2.4 负压显示异常

风机运行正常、负压显示不正常，一般为引出的风管出现漏风。更换风管即可。

9.2.5 突发停电后无法开机

停电后欠压保护动作，复位后方可开机。另稀油站与风机启动有闭锁，必须先开启稀油站，后开风机。

10　压风机常见问题及处理方法

10.1　压缩机机头出口温度或排气温度高

温升过高是螺杆式空压机运行过程中常见故障。压缩机机头出口温度或排气温度高的原因如下：

(1) 温度传感器发生故障。温度传感器发生故障，会引起 PLC 误报温度过高，引起停机。

(2) 环境温度过高。螺杆式空压机机头出温度一般设定在 110 ℃左右，而机头出口温度等于环境温度加上 60 ℃。坑下通风环境较差，多数环境温度过高。

(3) 温控阀发生故障。温控阀在压缩机冷启动时，可使油绕过冷却器直接喷入主机头，加速油温上升，防止压缩机内部结露。在压缩机正常运行后，可根据油温调节流经冷却器和旁路的油量比例，控制喷油温度。若温控阀损坏或是动作不灵敏，则大量高温油不经冷却器直接循环进入主机头，造成主机温度高。

(4) 油过滤器发生故障。油过滤器用于过滤油路中的灰尘及杂质。使用一段时间后油过滤器容易堵塞，其堵塞后造成回油不畅而引起主机温度高。

(5) 断油阀发生故障。断油阀是通过贮气罐气压控制其往复运动喷油。若其发生故障引起油路不畅，则油温高。杂物堵塞油路或控制气路，造成断油阀关闭不喷油，也会引起主机头因缺油或油少散热不良引起温度高。

(6) 冷却风机发生故障，风冷却器阻塞，排风阻力过大，造成散热差引起温度高。

(7) 卸载压力设定过低导致空压机在卸载循环时油阻力过大，流速过慢导致热量未及时散发，从而引起高温。

10.2 输出排气压力过低

(1) 实际用气量大于机组产气量,应检查相连接的设备和管网,若有泄漏点及时修补。若在正常使用条件下,系统的用气量大于压缩机组的产风量,则应更换大规格的压缩机组或增加压缩机组。

(2) 卸载压力设定值过低。正确设定卸载压力值。

(3) 空气过滤器滤芯脏、阻塞,造成压缩机机组进气量不足,排气压力过低。应检查空气过滤器状况,必要时更换空气过滤器。

(4) 电磁阀发生故障。排气管路上的主放气电磁阀和冷启动放空电磁阀泄漏。需更换电磁阀。

(5) 控制气路软管泄漏。更换控制气路软管。

(6) 进气阀动作不灵敏,未完全打开。需检修并检查控制系统状况。

(7) 油器分离器阻塞。需更换油器分离器滤芯。

(8) 安全阀泄漏。需重新校定或更换阀门。

(9) 气水分离器排水阀打开后卡住造成泄漏。应进行检修排水阀。

(10) 放空阀故障,压缩机组加载时无法关闭。需进行检修或更换放空阀。

10.3 输出排气压力过高

(1) 进气阀故障。需检修或更换进气阀。

(2) 加卸载压力值设定不合理。需根据实际耗风量重新设定加卸载压力值。

(3) 压力传感器故障。更换压力传感器。

(4) 卸荷阀未关闭,卸荷阀卡住或关闭不严,电磁阀发生故障。检修卸荷阀、电磁阀,必要时更换卸荷阀和电磁阀。

10.4 卸负载频繁

(1) 压力控制器加卸载压差太小。重新设定加卸载压力值。

(2) 压力采样管阻塞或泄漏,压力衰减过快。需检修采样管路。

(3) 生产实际耗风量不稳定,时大时小或不连续。可在压缩机组后增加贮气罐。

(4) 在压缩机组卸载时,更小压力阀关闭不及时或关闭不严。检修更小压力阀必要时更换。

(5) 加载控制电磁阀故障。应检查电磁阀,可能是受油水气的影响造成动作不灵敏或线圈烧坏。检查必要时更换。

(6) 控制机组起停的压力传感器故障或损坏。应进行检修更换。

10.5 压缩机组加载后一直不卸载

(1) 生产的实际耗风量大于压缩机组产风量,压缩机组一直处于加载运行状态。

(2) 检查连接管网是否存在漏风现象。

(3) 检查加卸载电磁阀是否动作或损坏。

(4) 检查压缩机组进气阀是否关闭严密。

(5) 检查气水分离器排水阀是否存在漏失现象。

(6) 检查安全阀、油器分离器是否存在内漏现象。

10.6 油耗过大或排出压缩空气含有油分

(1) 加油过多。油位过高,气流会把油器分离器内油卷入到压缩空气当中。造成排出压缩空气中含油量超标。所以加油量应控制在红线上黄线下。

(2) 更小压力弹簧失效导致开起压过低,油器分离器前后压差过大,罐内油气混合气流速高,筒壁和油器分离滤芯上凝聚的油液会被高速气流带走,从而影响油气分离效果。

(3) 油器分离器滤芯阻塞或损坏,检查清洗必要时更换。

(4) 油器分离器回油管阻塞,检查清洗。

(5) 风冷却器系统有泄漏,检查修理并补漏。

(6) 油使用时间超期、油质变质。清洗压缩机组并更换合格标识的油。

10.7 输出的压缩空气含水分重

(1) 水分离器/冷凝水排放阀损坏。认真检查清洗,若两者均损坏则进行更换。

(2) 冷凝水排放阀或其管路阻塞。检查并清洗。

(3) 冷凝水排放管道或排放阀安装不当,应使排放管道从排水端向下倾斜,重新安装冷凝水排放阀。

10.8 压缩机组故障,轴承损坏或主机头转子故障

(1) 立即停机与经销商或售后维修中心联系。

(2) 罩壳面板未装好,隔音棉破损。

(3) 部件出现松动,需认真检查并坚固各连接部件。

10.9 压缩机组振动大

(1) 部件出现松动,需认真检查并坚固各连接部件。

(2) 电机或主机轴承有损坏,立即停机与经销商或售后维修中心联系。

(3) 压缩机组基础地脚松或在本区域内有其他设备与机组产生共振。

第三篇　主要设备技术参数

1　矿井提升系统主要设备技术参数

1.1　主井提升系统

1.1.1　提升机

名称：多绳摩擦式提升机
最大提升速度：10.26 m/s
型号：JKMD-2.8×4(Ⅲ)-XD
最大静张力：350 kN
摩擦轮直径：2.8 m
最大静张力差：100 kN
钢丝绳间距：300 mm
机器质量：56 856 kg
钢丝绳直径：28 mm
出厂编号：20－14
生产厂家：中信重型机械公司

1.1.2　主电机

型号：ZKTD250/40-P
出品号：2370808505-2008-1
功率：1 350 kW
电压：660 V
电流：2 345 A
励磁：他磁 220 V 53 A
工作制：S1
绝缘等级：F

转速:70 r/min

防护等级 IP:01

安装形式 IM:5710

冷却方式 IC:37

质量: 41 800 kg

风压降:0.52 kPa

转动惯量:11 500 kg · m^2

风量:11.74 m^3/s

厂家:上海电机厂

1.1.3 制动系统

型号:E141ESM

编号:090321-1

最高工作压力:140 kgf/cm^2

最大工作流量:15 L/min

容积:500 L

质量:600 kg

制造日期:2009 年 3 月

生产厂家:中信重型机械公司

1.1.4 冷却系统

通风机型号: G4-68-12.5D0

流量:49 455 m^3/h

主轴转速:730 r/min

电机容量:22 kW

风压:1 138 Pa

制成日期: 2000 年 8 月

电机型号: Y225M-8

电压/电流:380 V/47.5 A

生产厂家:沈阳风机厂

1.1.5 电控系统

系统型号:TSKZ-IV

生产厂家:北京天地科技股份有限公司

1.1.6 高压开关柜

高压开关柜型号:KYGC
额定电压:10 kV
额定电流:400 A
生产厂家:上海一开电气集团有限公司

1.1.7 变压器

变压器型号:ZSSG-1100/6
安装台数:2
额定容量:1 100 kV·A
电压等级:6 000 V/660 V
生产厂家:北京变压器厂

1.1.8 空心平波电抗器

平波电抗器型号:PKKD-1-1250-1
额定电压:1 000 V
频率:300 Hz
生产厂家:北京新华都电抗器厂

1.1.9 直流快速断路器

直流快速断路器型号:DS12-20/08
额定电压:800 V
额定电流:2 000 A
生产厂家:上海立新电器厂

1.1.10 信号系统

型号:ZDB
信号电压:24 V(DC)
工作电压:127 V(AC)
工作电流:550 mA
生产厂家:唐山鸿泰有限公司

1.2 副井提升系统

1.2.1 提升机

名称:多绳摩擦式提升机
型号:JKMD-2.8×4(I)E-XD
滚筒直径:2 800 mm
钢丝绳间距:300 mm
天轮直径:2 800 mm
钢丝绳根数:4
钢丝绳直径:28 mm
最大提升速度:8.53 m/s
最大额定静张力:328.6 kN
减速器速比:10.5
最大额定静张力差:93.2 kN
机器质量:7 630 kg
最大实际静张力:284 kN
生产厂家:中信重型机械公司

1.2.2 主电机

标准:JB/DQ3162
型号:Z500-2A
出品号:7671.2007.6
功率:590 kW
电压:660 V
电流:954 A
工作制:S1
绝缘等级:F
转速:611 r/min
防护等级 IP:44
安装形式 IM:1001
冷却方式 IC:37

质量:5 050 kg

风压降:1.35 kPa

转动惯量:81 kg·m^2

风量:2.77 m^3/s

功率:800 W

电压:220 V

厂家:上海电机厂

1.2.3　减速机

型号:XP1000(2)·Ⅲ

减速比:10.5

输入转速:900 r/min

质量:10 300 kg

输出扭矩:280 000 N·m

生产厂家:中信重型机械公司

1.2.4　液压站

型号:E141E

编号:99-26

最高工作压力:140 kgf/cm^2

最大工作流量:15 L/min

容积:500 L

质量:600 kg

制造日期:2009 年 6 月

生产厂家:中信重型机械公司

1.2.5　润滑站

型号:TE00/GF

额定压力:0.63 MPa

额定流量:50 L/min

1.2.6　冷却风机

型号:C-48-C

转速:1 250 r/min

风压: 1 381 Pa

功率:15 kW

1.2.7 电控系统

型号:TKSZ-IV

生产厂家:北京天地科技股份有限公司

1.2.8 高压开关柜

型号: KYGC

额定电压:10 kV

额定电流:400 A

生产厂家:中煤电气有限公司

1.2.9 空心平波电抗器

型号:PKKD-1-1250-1

出厂编号:990909

执行标准: GB 10229

额定电流:1 000 A

最高直流系统电压:1 250 V

频率:300 Hz

绝缘水平:AG3

耐热等级:B 户内装置

冷却方式:AN

总质量:810 kg

脉流电感: 2 mH

生产厂家:北京新华都电抗器厂

1.2.10 直流快速断路器

型号:DS12-20/08

额定电流:2 000 A

额定电压:800 V

控制电源:220 V

运行短路分断能力:40 kA

使用类别:A

生产厂家:上海立新电器厂

1.2.11 信号系统

型号:ZDB

信号电压:24 V(DC)

工作电压:127 V

工作电流:550 mA(AC)

生产厂家:唐山鑫唐有限公司

1.2.12 变压器

型号:ZSSG-1100/6

出厂序号:314-1

额定容量:1 100 kV·A

产品代号:1-B.738.671.1

连接组标号:Dy11

绝缘温度等级:B

总质量:4 369 kg

阻抗:6.23%

使用条件:户内 3 相 50 Hz

冷却方式:AN

出厂日期:2000 年 6 月

生产厂家:北京变压器厂

2　井筒主要设备技术参数

2.1　副井提升钢丝绳(英国)

型号:6×25TS(12/12/1)BR(6/1)+FC1770
绳径:28 mm
抗拉强度:1 770 MPa
单重:3.21 kg/m
根数:4

2.2　主井提升钢丝绳(南非)

型号:6×30(12/12/6+3T)/F1770
抗拉强度:1 770 MPa
单重:3.21 kg/m
根数:4

2.3　平衡尾绳

型号:PD8×4×7-113×19+NF-1470
抗拉强度:1 470 MPa
单重:6.22 kg/m
根数:2

2.4　罐笼

型号:1 t 单层双车四绳罐笼

有效载荷：9 000 kg
自重：7 487 kg
本体高：3 180 mm

2.5 箕斗

型号：JDG9/110×4
有效载荷：9 000 kg
自重：11.918 t
有效容积：10 m^3
厂家：山东煤矿泰安机械厂

2.6 缓冲托罐装置

型号：GHT

2.7 电动转盘

型号：DZ-6/600
电机功率：11 kW
轨距：600 mm
矿车旋转角度：140°
盘体直径：3 900 mm
盘体旋转速度：6 r/min
最大承载能力：6 t
厂址：石家庄煤矿机械有限责任公司

2.8 爬车机

型号：pcy-6×2/30

2.9 600 轨距 1 t 矿车爬车机

爬车能力:1 t 矿车 8 辆
爬链速度:0.348 m/s
爬高:1 996 mm
爬车方式:爬矿车车轴
爬链节距:120 mm
钢轨:30 kg/m

2.10 液力耦合器

驱动方式:Y0×360 涡轮驱动

2.11 带式输送机

型号:BYD75-200-8050
功率:7.5 kW
滚筒直径:500 mm
胶带带宽:800 mm
带速:2.0 m/s
胶带主机型号:TD75-800
带式输送机全长:21.5 m
胶带长:43 m

2.12 自流往复式给料机

型号:GLW1200/18 5/S
安装方式:DP
生产能力:400～800 t/h
最大给料粒度:500 mm
电机功率:18.5 kW
电机工作电压:660 V

出厂编号:120089

生产日期:2012 年 6 月

厂家:徐州五洋科技股份有限公司

3 井下高压供电系统主要设备技术参数

3.1 高爆开关

矿用隔爆型高压真空配电装置适用于具有爆炸性危险气体及粉尘的煤矿井下，对额定电压 6 kV、额定频率 50 Hz，额定电流 50～630 A 的三相交流中性点不直接接地的供电系统进行控制、保护和测量。

3.1.1 PJG 系列矿用隔爆兼本质安全型高压真空配电装置

PJG 系列矿用隔爆兼本质安全型高压真空配电装置主要技术参数如下所述。

（1）额定工作电压：6 kV、10 kV。

（2）额定工作电流：50 A、100 A、160 A、200 A、250 A、315 A、400 A、500 A、630 A。

（3）操作方式：电动合闸、电动分闸、手动分闸和手动合闸。

（4）额定工作制：长期工作制。

（5）其他主要参数见表 3-3-1。

表 3-3-1　PJG 系列高压真空配电装置其他参数

项目	参数	项目	参数
额定短路开断电流	12.5 kA	额定短路开断电流开断次数	16 次
额定短路关合电流	31.5 kA	断路器机械寿命	10 000 次
额定动稳定电流	31.5 kA	隔离插销机械寿命	2 000 次
额定热稳定电流	12.5 kA	合闸电压	100 V(AC)

表 3-3-1(续)

项目	参数	项目	参数
额定热稳定时间	2 s	分闸电压	24 V(DC)
固有分闸时间	≤0.1 s	主回路电阻	≤500 μΩ

(6) 本安参数。先导插件本安最高开路电压 18 V(AC);最大短路电流 150 mA。保护器本安最高开路电压:5.5 V(DC);最大短路电流:155 mA。

3.1.2 PJG-Y 系列矿用隔爆兼本质安全型永磁高压真空配电装置

PJG-Y 系列矿用隔爆兼本质安全型永磁高压真空配电装置主要技术参数如下:

(1) 额定工作电压:6 kV、10 kV。

(2) 额定工作电流:50 A、100 A、160 A、200 A、250 A、315 A、400 A、500 A、630 A。

(3) 操作方式:电动合闸、电动分闸、手动合闸、手动分闸。

(4) 额定工作制:长期工作制。

(5) 其他主要参数见表 3-3-2。

表 3-3-2　PJG-Y 系列永磁高压真空配电装置其他参数

项目	参数	项目	参数
额定短路开断电流	12.5 kA	额定短路开断电流开断次数	16 次
额定短路关合电流(峰值)	31.5 kA	断路器机械寿命	10 000 次
额定峰值耐受电流	31.5 kA	隔离插销机械寿命	2 000 次
额定短路耐受电流(有效值)	12.5 kA	主回路电阻	≤500 μΩ
额定短路持续时间	2 s	额定操作程序	0-180S-CO-180S-CO

(6) 本安参数。先导插件本安最高开路电压:18 V(AC);最大短路电流:150 mA。保护器本安最高开路电压:5.5 V(DC);最大短路电流:155 mA。

3.1.3 BGP_{43}-6 系列矿用隔爆型高压真空配电装置

BGP_{43}-6 系列矿用隔爆型高压真空配电装置主要参数见表 3-3-3。

表 3-3-3 BGP_{43}-6 系列高压真空配电装置主要参数

额定工作电压 U_e/kV	6	额定热稳定电流/kA	12.5
最高工作电压/kV	7.2	额定动稳定电流/kA	31.5
额定工作频率/Hz	50	额定关合电流(峰值)/kA	31.5
最大额定工作电流/A	630	额定短路开断电流次数/次	16
额定短路开断电流/kA	12.5	操作过电压(峰值)/倍	<3.5
额定热稳定时间/s	2		

3.1.4 PJG50 系列矿用隔爆兼本质安全型高压真空配电装置

PJG50 系列矿用隔爆兼本质安全型高压真空配电装置主要技术参数见表 3-3-4。

表 3-3-4 PJG50 系列高压真空配电装置

序号	名称	数据	备注
1	额定电压/kV	6	
2	额定电流/A	300	
3	额定开断电流/kA	12.5	

3.2 移动变压器

井下供电系统所使用的移动式变压器均使用 KBSGZY 型移动式变压器。其中 KB 代表矿用隔爆型，S 代表三相，G 代表干式，Z 代表组合结构，Y 代表移动式。

移动变电站的额定容量，是指移动变电站用干式变压器的额定容量。移动变电站的额定容量包括 50、80、100、125、160、200、250、315、400、500、630、800、1 000、1 250、1 600、2 000、2 500、3 150、4 000。其额定容量单位为 kV · A。

我国煤矿常用的变压器容量为：200 kV · A、315 kV · A、500 kV · A、

630 kV·A、1 000 kV·A、2 000 kV·A。

移动变电站，高压侧额定电压有 6 000 V，分接电压均为 6 000×(1±5%) V。高压侧额定电压为 6 000 V，分接电压为 6 300 V 或 5 700 V。

3.2.1　移动变电站用干式变压器

移动变电站用干式变压器技术参数见表 3-3-5。

表 3-3-5　移动变电站用干式变压器技术参数

额定容量 /kV·A	额定电压		联结组标号	空载损耗 /W	负载损耗 /W	空载电流 /%	短路阻抗/%		
	高压 /kV	低压 /V					U_z	U_r	U_x
50	6	693/400	Yy0 Yd11	350	550	2.5	4	1.1	3.846
80				450	780			0.975	3.88
100				520	920			0.92	3.893
125				600	1 080			0.846	3.906
160				700	1 300	2		0.813	3.917
200				820	1 550			0.775	3.524
250				950	1 800			0.72	3.935
315		1 200/693		1 100	2 150	1.8		0.683	3.941
400				1 300	2 600			0.85	3.947
500				1 500	3 100	1.5		0.62	3.952
630				1 800	3 680			0.579	3.958
800		1 200/693	Yy0/Yd11	2 050	4 500	1.0		0.563	3.960
1 000		3 450	Yyn0	2 350	5 400			0.54	3.963
1 250		1 200 3 450	Yy0 Yyn0	2 750	6 500	0.8		0.52	3.966
1 600				3 350	8 000	0.6		0.5	3.969
2 000		3 450	Yyn0	3 800	9 500		4.5	0.475	4.475
2 500				4 500	10 600		5	0.424	4.982
3 150				5 300	12 500		5.5	0.397	5.486
4 000				6 100	14 000		6	0.444	5.984

3.2.2　移动变电站三个组成部分

移动变电站三个组成部分技术参数见表 3-3-6。

表 3-3-6　移动变电站三个组成部分技术参数

<table>
<tr><th rowspan="2">型号</th><th rowspan="2">额定容量
/kV·A</th><th colspan="2">干式变压器</th><th colspan="2">高压开关</th><th colspan="2">低压开关</th></tr>
<tr><th>高压 6 kV
额定电流
/A</th><th>低压额定电流
(低压额定电压)
/A</th><th>额定
电压
/kV</th><th>额定
电流
/A</th><th>额定
电压
/V</th><th>额定
电流
/A</th></tr>
<tr><td>KBSGZY-50/6</td><td>50</td><td>4.8</td><td>46.7/72.2
(693 V/400 V)</td><td rowspan="25">6</td><td rowspan="11">100</td><td rowspan="7">660
380</td><td rowspan="5">200</td></tr>
<tr><td>KBSGZY-80/6</td><td>80</td><td>7.7</td><td>66.7/115.4
(693 V/400 V)</td></tr>
<tr><td>KBSGZY-100/6</td><td>100</td><td>9.6</td><td>83.3/144.3
(693 V/400 V)</td></tr>
<tr><td>KBSGZY-125/6</td><td>125</td><td>12.0</td><td>104.15/180.4
(693 V/400 V)</td></tr>
<tr><td>KBSGZY-160/6</td><td>160</td><td>15.4</td><td>133.3/230.9
(693 V/400 V)</td></tr>
<tr><td>KBSGZY-200/6</td><td>200</td><td>19.3</td><td>166.6/288.6
(693 V/400 V)</td><td rowspan="4">400</td></tr>
<tr><td>KBSGZY-250/6</td><td>250</td><td>24.1</td><td>208.3/360.8
(693 V/400 V)</td></tr>
<tr><td>KBSGZY-315/6</td><td>315</td><td>30.3</td><td>151.6/262.5
(1 200 V/693 V)</td><td rowspan="4">1140
660</td></tr>
<tr><td>KBSGZY-400/6</td><td>400</td><td>38.5</td><td>192.5/333.3
(1 200 V/693 V)</td></tr>
<tr><td>KBSGZY-500/6</td><td>500</td><td>48.1</td><td>240.6/416.7
(1 200 V/693 V)</td><td rowspan="2">500</td></tr>
<tr><td>KBSGZY-630/6</td><td>630</td><td>60.6</td><td>303.1/525
(1 200 V/693 V)</td></tr>
<tr><td rowspan="3">KBSGZY-800/6</td><td rowspan="3">800</td><td rowspan="3">77.0</td><td rowspan="3">385/666.5
(1 200 V/693 V)
133.9(3450 V)</td><td rowspan="11">200</td><td>1 140</td><td>500</td></tr>
<tr><td>660</td><td>800</td></tr>
<tr><td>3 300</td><td>200</td></tr>
<tr><td rowspan="3">KBSGZY-1000/6</td><td rowspan="3">1 000</td><td rowspan="3">96.2</td><td rowspan="3">481/833
(1 200 V/693 V)
167.4(3450 V)</td><td>1 140</td><td>630</td></tr>
<tr><td>660</td><td>1 000</td></tr>
<tr><td>3 300</td><td>200</td></tr>
<tr><td rowspan="2">KBSGZY-1250/6</td><td rowspan="2">1 250</td><td rowspan="2">120.3</td><td rowspan="2">601.4(1 200 V)
209.2(3450 V)</td><td>1 140</td><td>630</td></tr>
<tr><td>3 300</td><td>400</td></tr>
<tr><td rowspan="2">KBSGZY-1600/6</td><td rowspan="2">1 600</td><td rowspan="2">154.0</td><td rowspan="2">769.8(1 200 V)
267.8(3450 V)</td><td>1 140</td><td>800</td></tr>
<tr><td>3 300</td><td>400</td></tr>
<tr><td>KBSGZY-2000/6</td><td>2 000</td><td>192.5</td><td>334.7(3 450 V)</td><td>3 300</td><td>400</td></tr>
<tr><td>KBSGZY-2500/6</td><td>2 500</td><td>240.6</td><td>418.4(3 450 V)</td><td rowspan="3">400</td><td>3 300</td><td>500</td></tr>
<tr><td>KBSGZY-3150/6</td><td>3 150</td><td>303</td><td>527.2(3 450 V)</td><td>3 300</td><td>630</td></tr>
<tr><td>KBSGZY-4000/6</td><td>4 000</td><td>385</td><td>669.4(3 450 V)</td><td>3 300</td><td>800</td></tr>
</table>

3.2.3　移动变电站用干式变压器绝缘耐热等级及允许温升

移动变电站用干式变压器绝缘耐热等级及允许温升见表 3-3-7。

表 3-3-7　移动变电站用干式变压器绝缘耐热等级及允许温升

变电站额定容量/kV·A	绝缘耐热等级	绝缘系统最高温度/℃	箱壳表面最高温升/K	温控器温度/℃
50	B	130	54	80
100	B	130	57	80
200	B	130	58	80
315	H	180	79	125
400	H	180	78	125
500	H	180	80	125
630	H	180	77	125
800	H	180	79	125
1 000	H	180	78	125
1 250	H	180	77	125
1 600	H	180	79	125
2 000	H	180	80	125
2 500	H	180	79	125
3 150	H	180	79	125
4 000	H	180	79	125

3.2.4　高压负荷开关

高压负荷开关技术参数见表 3-3-8。

表 3-3-8　高压负荷开关技术参数

额定电压/kV	6、10		
最高工作电压/kV	7.2、12		
额定电流/A	100	200	400
额定热稳定电流/kA	3.15	6.3	10
额定短路持续时间/s	2		
机械寿命不少于/次	5 000		

3.2.5　高压真空开关

高压真空开关技术参数见表 3-3-9。

表 3-3-9　高压真空开关技术参数

项目	参数	
额定电压/kV	6	10
最高工作电压/kV	6.9	12
额定电流/A	50、100、200、400	630
额定短路开断电流/kA	10	12.5
额定关合电流(峰值)/kA	25	
平均分闸速度/(m·s^{-1})	0.8～1.1	
额定短路电流开断次数/次	30	
机械寿命不少于/次	10 000	
额定短时工频耐压/kV	23	28
短路保护整定倍数	(1～10)倍 I_e	
过载保护整定倍数	(0.2～1.0)倍 I_e	

3.2.6　低压保护箱

低压保护箱技术参数见表 3-3-10。

表 3-3-10　低压保护箱技术参数

额定电流/A	315、400、500、630、800、1 000		
额定电压/V	660	1 140	3 300
短路保护整定电流	$(6\sim10)I_e$		
过载保护整定电流	$(0.4\sim1.2)I_e$		
单相漏电动作绝缘电阻整定值/kΩ	11	20	50
单相漏电闭锁绝缘电阻整定值/kΩ	22	40	100
欠压保护	$U<75\%U_e$		
过压保护	$U>125\%U_e$		
动作时间/ms	≤80	≤50	≤100

3.2.7　低压馈电开关

低压馈电开关技术参数见表 3-3-11。

表 3-3-11　低压馈电开关技术参数

额定电流/A	315、400、500、630、800、1 000		
额定电压/V	660	1 140	3 300
短路保护整定电流	$(6\sim10)I_e$		
过载保护整定电流	$(0.4\sim1.2)I_e$		
单相漏电动作绝缘电阻整定值/kΩ	11	20	50
单相漏电闭锁绝缘电阻整定值/kΩ	22	40	100
欠压保护	$U<75\%U_e$		

4 矿灯房主要设备技术参数

4.1 CTJ96WZ(A)型充电架

CTJ96WZ(A)型充电架主要技术参数见表3-4-1。

表3-4-1 CTJ96WZ(A)型充电架主要技术参数

产品型号	输入电压	充电能力	额定直流输出		充电电流（每盏）		充电量	外形尺寸/mm	总质量/kg
			电压	电流	快充	涓流			
CTJ96WZ(A)	三相380V 50 Hz	96盏	20 V	50 A	—	—	—	1 846×600×1 650	275

4.2 KJ5LM(A1)型镍氢矿灯

KJ5LM(A1)型镍氢矿灯主要技术参数见表3-4-2。

表3-4-2 KJ5LM(A1)型镍氢矿灯主要技术参数

蓄电池循环寿命	蓄电池最大外形尺寸/mm	额定容量/Ah	标称电压/V	点灯时间/h	LED光源			最大照度（距1 m处）	
					额定电压/V	额定电流 A		点灯开始	点灯16 h
						主光源	辅助光源		
>600	132×76×30	5	3.75	≥16	3.75	0.21	0.06	≥1 500	≥1 500

4.3　KL2LM(B)型矿灯

KL2LM(B)型矿灯主要技术参数见表 3-4-3。

表 3-4-3　KL2LM(B)型矿灯主要技术参数

额定电压/V	额定电流/A	电池种类	额定容量/Ah	照度/LUX	
				开灯起始	点灯 11 h 时
3.7	0.16	锰酸锂	2	800	350

4.4　ZH30(G)隔绝式化学氧自救器

ZH30(G)型隔绝式化学氧自救器主要技术参数如下所述。

(1) 防护时间。

① 工人大劳动强度时,防护时间大于等于 30 min。

② 工人静时,防护坐时间大于等于 120 min。

(2) 质量。

携带质量小于等于 1.3 kg;佩戴质量小于等于 1.2 kg。

(3) 外形尺寸。

170 cm×115 cm×73 cm。

(4) 有效使用期。

从制造日期起,携带:单班/日三年,双班/日一年半,三班/日一年;存放:五年。

5 井上变电所主要设备技术参数

5.1 高压开关柜

高压开关柜整机技术指标如下：

(1) 额定电压：6 kV。

(2) 最高工作电压 7.2 kV。

(3) 额定电流规格：50 A、100 A、150 A、200 A、300 A、400 A、500 A、630 A、800 A、1 200 A。

(4) 额定频率：50 Hz；额定短路开断电流 20 kA(有效值)。

5.2 低压开关柜

低压开关柜主要技术参数见表 3-5-1。

表 3-5-1 低压开关柜主要技术参数

额定电压/V	AC 380
额定绝缘电压/V	AC 690
相数	3 相
额定频率/hz	50
母线额定电流/A	≤1 250
母线额定短时耐受电流/1 s	30 kA
母线额定峰值耐受电流/kA	63
防护等级	IP54

5.3　变压器

变压器型号:SZ9-6300/35－6.3

额定容量:6 300 kV·A

额定电压:3 500 V/6 300 V

额定电流:103.9 A/577.4 A

联结组标号:Yd11

冷却方式:ONAN

调压方式:有载调压

自重:6 735 kg

油重:2 895 kg

总重:12 520 kg

生产厂家:福州天宇电气股份公司

5.4　气体继电器(主变)

型号:QJ1G-50

跳闸接点动作速度调整范围:0.6～1.2 m/s

出厂设定:0.8 m/s

生产厂家:沈阳市旭升电器厂

5.5　压力释放阀(主变)

型号:YSF4Ⅱ-325/50JBTH

时效开启压力:36 kPa

开启压力:35 kPa

关闭压力:20 kPa

生产厂家:沈阳变压器研究所有限公司

5.6　指针式油位表

型号:YZF2-250

报警方式:低油位报警
浮球摆角:140°
安装螺孔:6-M10
生产厂家:沈阳变压器研究所有限公司

5.7 有载分接开关

型号:SYJZZ-35/200-7
最大额定电流:200 A
过渡电阻:4.9 Ω
连接方式:Y 或 D 跨接
极电压:600 V
生产厂家:上海华明电力设备制造有限公司

5.8 气体继电器

型号:QJ4-25
工作温度:－30～＋95 ℃
工作电压:交流或直流 220 V
跳闸接点动作速度整定范围:0.8～1.4 m/s
出厂整定:1.0 m/s
生产厂家:沈阳变压器厂继电器分厂

5.9 压力释放阀(有载调压)

型号:YSF6-35/50KJBTH
时效开启压力:28 kPa
开启压力:28 kPa
关闭压力:18 kPa
生产厂家:沈阳变压器研究所有限公司

5.10　自动调压系统

型号：HMK-35D

电源电压：220 V

取样电压：100 V/400 V

欠电压：70%

额定电压：85～460 V，步长 1 V

调压精度：0.1%～9.0%，步长 0.1%

延时时间：5～180 s，步长 1 s

生产厂家：上海华明电力设备制造有限公司

6 矿井主排水泵及其配套设备技术参数

6.1 −760中央水泵房主要设备参数

6.1.1 多级离心泵

型号：MD450-90X10(NSM)
额定流量：450 m^3/h
额定效率：78%
额定扬程：900 m
气蚀余量：4 m
额定转速：1 490 r/min
吸水口径：250 mm
出水口径：250 mm

6.1.2 配套电机

型号：YKY630-4
功率：1 800 kW
转速：1 490 r/min
额定电压：6 000 V
额定电流：206.1 A
防护等级：IP54

6.1.3 电动阀门控制箱

型号：KXBC-15/660DZ
额定电流：15 A
额定电压：660 V

6.1.4 水仓

有效容积:1 900 m^3

吸水小井深度:6 m

排高:820 m

6.2 −980 水平水泵房主要设备参数

6.2.1 水泵

型号:MD450-60X5(NSM)

额定流量:450 m^3/h

额定效率:79%

额定扬程:300 m

气蚀余量:4.2 m

额定转速:1 450 r/min

吸水口径:250 mm

出水口径:250 mm

6.2.2 配套电机

型号:YKY450-4

功率:630 kW

转速:1 487 r/min

额定电压:6 000 V

额定电流:74.7A

频率:50 Hz

防护等级:IP54

质量:4 150 kg

6.2.3 电动阀门控制箱

型号:KXBC-1X15/660DZ

额定电压:660 V

额定电流:15 A

防护等级:IP54

6.2.4 水仓

有效容积:2 150 m^3

吸水小井深度:6 m

排高:220 m

7　原煤线主要设备技术参数

7.1　给煤机

给煤机位于主井箕斗缓冲仓下、破碎工作间三层，是原煤线运输的关键设备。

7.1.1　主要技术参数

给煤机型号：K4

编号：201

电机型号：YB200L1-6

额定功率：18.5 kW

额定电流：37.7 A

额定电压：380 V

减速机型号：ZQ500-16-3

中心距：500 mm

质量：90 kg

底板行程：100 mm

生产能力：268 t/h

7.1.2　供电及控制参数

给煤机电源取自原煤线主配电室 20PD-04 柜。主控制电源为 110 V(AC)。控制方式分为集中控制和就地控制。

缓冲煤仓上口：6 000 mm×7 000 mm

深度：5 500 mm

储煤量：75 t

7.2 螺旋分级筛

螺旋分级筛位于破碎工作间三层,主要用来分选原煤中的煤块。

7.2.1 主要技术参数

螺旋分级筛型号:SL-U150/1.5-A
厂家:无锡宇能选煤机械厂
外形尺寸:4 m×2.5 m×1.6 m
筛面展开面积:4.5 m^2
处理能力:≤400 t/h
设备总质量:6.8 t
编号:202
电机型号:YE2-132M-4
额定功率:7.5 kW
额定电流:15.5 A
额定电压:380 V
转速:1 440 r/min
减速机型号:JZQ350
传动方式:胶带传动

7.2.2 供电及控制参数

螺旋分级筛电源取自原煤线主配电室 20PD-03 柜。主控制电源为 110 V (AC)。控制方式分为集中控制和就地控制。

7.3 破碎机

破碎机位于破碎工作间二层,主要用来破碎煤块,控制煤块的粒度,是原煤线运输的关键。

7.3.1 主要技术参数

破碎机型号:2PGCQ-500×1200
厂家:山东煤矿莱芜机械厂制造

齿棍直径：500 mm

齿棍工作长度：1 200 mm

总质量：12 200 kg

最大入料粒度：300 mm

出料粒度：50 mm

处理能力：160 t/h

出厂编号：010402

编号：205

电机型号：B3-250M-4

额定功率：55 kW

额定电流：60 A

额定电压：380 V

减速机型号：MC2PLSF-05

7.3.2　供电及控制参数

破碎机电源取自原煤线主配电室 20PD-05 柜。主控制电源为 110 V(AC)。控制方式分为集中控制和就地控制。其中破碎机堵转传感器电源为 24 V(DC)，干油泵控制电源为 110 V(AC)。

7.4　手选胶带

手选胶带位于破碎机工作间二层，主要用于块煤的运输和筛选，是在块煤中筛选矸石的唯一设备。

7.4.1　主要技术参数

胶带机型号：TD-75

胶带型号：PT

胶带宽度：1 200 mm

胶带长度：40 m

带速：0.3 m/s

编号：203

电机型号：YB2-160L-4

额定功率：22 kW

额定电流:43.1 A

额定电压:380 V

转速:1 470 r/min

减速机型号:NGW-S-14

7.4.2 供电及控制

手选胶带电源取自原煤线主配电室 20PD-05 柜。主控制电源为 110 V(AC)。其中电动扫煤器与手选胶带同步,电动扫煤器运转时,手选胶带才能启动。控制方式分为集中控制和就地控制。

7.5 主运胶带

主运胶带位于破碎车间工作间一层,主要用于运输从螺旋分级筛分选下来的原煤。

7.5.1 主要技术参数

胶带机型号:TD-75

胶带型号: PT

胶带宽度:1 000 mm

胶带长度:33 m

带速:1.6 m/s

编号:220 A

电机型号:YB160L-4

额定功率:15 kW

额定电流:30.3 A

额定电压:380 V

电动滚筒型号:YIH 型外装式

滚筒直径:630 mm

7.5.2 供电及控制参数

主运胶带电源取自原煤线主配电室 20PD-03 柜。主控制电源为 110 V(AC)。控制方式分为集中控制和就地控制。

7.6　上仓胶带

上仓胶带位于破碎车间上部走廊，是整条运输系统的核心设备。

7.6.1　主要技术参数

胶带机型号：TD-75

胶带型号：PT

胶带宽度：1 000 mm

胶带长度：98 m

带速：1.6 m/s

编号：220B

电机型号：YB280S-4

额定功率：75 kW

额定电流：139.7 A

额定电压：380 V

减速机型号：ZQ100-40×17-5（ZQ100-40-V-Z）

7.6.2　供电及控制参数

主运胶带电源取自原煤线主配电室 20PD-05 柜。主控制电源为 110 V（AC）。控制方式分为集中控制和就地控制。

7.7　块煤胶带

块煤胶带位于手选胶带下部，主要将手选胶带筛选出的块煤运输到指定煤仓。

7.7.1　主要技术参数

胶带机型号：TD-75

胶带型号：PT

胶带宽度：1 000 mm

胶带长度：35 m

带速：1.0 m/s

编号:206

电机型号:YB160M-6

额定功率:7.5 kW

额定电流:17 A

额定电压:380 V

电动滚筒型号:WD 型外装式

滚筒直径:800 mm

7.7.2 供电及控制

块煤胶带电源取自原煤线主配电室 20PD-05 柜。主控制电源为 110 V (AC)。控制方式分为集中控制和就地控制。

7.8 矸石胶带

矸石胶带位于手选胶带下部,主要将手选胶带筛选出的矸石运输到指定矸石仓。

7.8.1 主要技术参数

胶带机型号:TD-75

胶带型号:PT

胶带宽度:800 mm

胶带长度:40 m

带速:2 m/s

编号:207

电机型号:Y160L-4

额定功率:15 kW

额定电流:30.3 A

额定电压:380 V

电动滚筒型号:WD 型外装式

滚筒直径:630 mm

7.8.2 供电及控制

矸石胶带电源取自原煤线主配电室 20PD-04 柜。主控制电源为 110 V

(AC)。控制方式分为集中控制和就地控制。

7.9　XWG-10 型刮板输送机

XWG-10 型刮板输送机位于地面原煤仓顶一层，是运输系统的关键设备。

7.9.1　主要技术参数

刮板输送机型号：XWD-10

刮板长度：1 000 mm

单根链条长度：1 000 mm

刮板输送机长度：40 m

编号：221

电机型号：YB160L-4

　额定功率：15 kW

　额定电流：30.3 A

　额定电压：380 V

　减速机型号：NJL72-11

　传动比：43.72

电动平板闸门电机型号：Y802-4

　额定功率：0.75 kW

　额定电流：2 A

　额定电压：380 V

电动平板闸门减速机型号：XWED63

　传动比：187

7.9.2　供电及控制

XWG-10 型刮板输送机电源取自原煤线上仓配电室 21PD-03 柜。主控制电源为 110 V(AC)。电动平板闸门控制电源为 110 V。控制方式分为集中控制和就地控制。

7.10　XWG-12 型刮板输送机

XWG-12 型刮板输送机位于地面原煤仓顶二层。

7.10.1 主要技术参数

刮板输送机型号:XWD-12

刮板长度:1 200 mm

单根链条长度:1 000 mm

刮板输送机长度:45.8 m

编号:222(223、224)

电机型号:YB250M-4

额定功率:55 kW

额定电流:102.5 A

额定电压:380 V

减速机型号:NJL112-11

传动比:46.86

电动平板闸门电机型号:Y802-4

额定功率:0.75 kW

额定电流:2 A

额定电压:380 V

电动平板闸门减速机型号:XWED63

传动比:187

7.10.2 供电及控制参数

XWG-10 型刮板输送机电源取自原煤线上仓配电室 21PD-03 柜。主控制电源为 110 V(AC)。电动平板闸门控制电源为 110 V。控制方式分为集中控制和就地控制。

除铁器电控柜型:kgLYA-50/500

电源:3 相 380 V

额定电压:380 V

额定电流:11 A

8　污水处理站主要设备技术参数

8.1　电磁流量计

型号:LDG-350S

型号:LDG-250S

型号:LDG-150S

工作压力:1.0 MPa

介质温度:常温

防护等级:IP68,220 V供电,配40 m线缆,带瞬时及累计流量显示及4～20 mA输出

生产厂家:上海光华仪表有限公司。

8.2　FB2E-N150型电动蝶阀

型号:FB2E-N150

阀门材质及形式:为全不锈钢法兰型

阀门口径:DN150 mm

公称压力:1.0 MPa

控制电压:AC 220 V

采用电机:单相电机

控制方式:选用手动/自动角度流量可控方式

调节方式:全开或全关

电机防护等级:IP67

生产厂家:泰科阀门有限公司

8.3 FB2E-N300型电动蝶阀

型号:FB2E-N300
阀门材质及形式:全不锈钢法兰型
阀门口径:DN300 mm
公称压力:1.0 MPa
控制电压:AC 220 V
采用电机:单相电机
控制方式:选用手动/自动角度流量可控方式
调节方式:全开或全关
电机防护等级:IP67
生产厂家:泰科阀门有限公司

8.4 矿井水加药泵

型号:MK-GB1000PVDF
流量:0～1 000 L/h
压力:最大 10 MPa
设计:机械驱动隔膜
驱动:可变偏心机构
精度: 在10%至100%额定流量范围内,稳定精度为正负2%
调节:可锁定微调旋钮,无论泵运行与否,均可从0%调至100%
润滑:油浴润滑
温度:输送液体最高温度为40 ℃
吸程:最大水柱高度2.5 m
生产厂家:汉胜米顿罗(汉胜工业设备有限公司)

8.5 矿井水排泥泵

型号:80WL50-25-7.5
流量:50 m^3/h
扬程:25 m

功率:7.5 kW

转速:1 440 r/min

效率:55%

汽蚀余量:1.2 m

质量:125 kg

排出/吸入口径:80 mm/80 mm

生产厂家:上海连城(集团)有限公司

8.6 矿井水提升泵

型号:150WL150-15-11

流量:150 m^3/h

扬程:15 m

功率:11 kW

转速:1 460 r/min

效率:72%

汽蚀余量:2.7 m

质量:215 kg

排出/吸入口径:150 mm/150 mm

供货范围:泵体、电机

生产厂家:上海连城(集团)有限公司

8.7 罗茨鼓风机

型号:SSR125

风量:7.74 m^3/min

升压:53.90 kPa

功率:11 kW

转速:1 460 r/min

主要部件材质:碳钢

供货范围:风机、电机、支座,配套弹性接头、立式消音器、单向阀、安全阀、压力表

外接电源条件:380 V 三相四线制电源

生产厂家:浙江绿源风机有限公司

8.8 生活污水提升泵

型号:65WQ/S204-11
流量:75 t/h
扬程:24 m
功率:11 kW
转速:2 935 r/min
排出口径:DN65 mm
安装方式:移动软管安装
主要部件材质:铸铁或碳钢
供货范围:泵体、电机
外接电源条件:380 V 三相四线制电源
使用介质:生活污水
生产厂家:上海凯泉泵业有限公司

8.9 矿井水压滤机入料泵

型号:50SYA65-22
流量:20～70 t/h
扬程:30～65 m
功率:22 kW
转速:1 450 r/min
配带功率:22 kW
吸入/排出口径:65 mm/65 mm
安装方式:直接安装
供货范围:泵体、电机
外接电源条件:380 V 三相四线制电源
主要部件材质:铸铁或碳钢
生产厂家:河北森力克水泵制造有限公司

8.10 进、出水采样泵

型号:PW-122EA
额定流量:25 L/min
额定功率:320 W
吸程/扬程:8/9 m
额定电压:220 V
频率:50 Hz
进出水口径:20 mm
生产厂家:威乐泵业有限公司

8.11 渣浆泵

型号:TD75/50C-AH
额定流量:66 m^3/h
额定功率:250 W
最高/额定扬程:8.6 m/7 m
额定电压:380 V
频率:50 Hz
转速:2 850 r/min
额定电流:800 mA
生产厂家:河北科泉泵业

8.12 压滤机

型号:XMZ150/1250
生产厂家:景津集团有限公司

8.13 煤矿用清仓机

型号:MQC-15
生产厂家:徐州天科机械制造有限公司

8.14 生活水排泥泵

型号:WL2210-252

流量:50 t/h

扬程:21 m

功率:5.5 kW

转速:2 920 r/min

排出口径:DN80 mm

主要部件材质:铸铁或优质碳钢

厂家:上海连成泵业集团

8.15 防洪泵

型号:350WQ1500-12-75

配套管径:DN350 mm

流量 1 500 m^3/h

扬程:12 m

电机功率:75 kW

电压:380 V

电流:139.3 A

频率:50 Hz

质量:910 kg

转速:1 450 r/min

生产厂家:锦州锦明水泵制造有限公司

8.16 生活水压滤机离心式泥浆泵

型号:21/2 FN-215

流量:25 m^3/h

扬程:80 m

功率:22 kW

转速:2 900 r/min

吸入/排出口径:65 mm/65 mm

安装方式:直接安装

供货范围:泵体、电机

外接电源条件:380 V 三相四线制电源

主要部件材质:铸铁或碳钢

生产厂家:徐州天科机械制造有限公司

9 主要通风机设备技术参数

9.1 轴流式通风机

型号:GAF25-14-1
装机台数:2
装机功率:1 120 kW
叶片和叶柄的连接形式:高强螺栓钉机壳
直径:2.5 m
叶片数:20
材质:HF-1
反风形式:电机反转
额定电流:129 A
主轴连接方式:直接
风机轴承润滑油:L-AN46
主轴转数:985 r/min
风叶角度:−5°
制造厂家:上海鼓风机厂
风量:150～200 m^3
负压:2 800～3 500 Pa

9.2 电动机

型号:Y500-6
额定电压:6 000 V
额定电流:129 A
额定功率:1 120 kW

额定转速:991 r/min
接线法:Y
绝缘等级:F
防护等级:IP23
生产厂家:无锡哈电电机有限公司

9.3 高压柜

型号:KYGC-Z
额定电压:6 000 V
生产厂家:无锡军工智能电气股份有限公司
风机柜整定值:过流时,3.75 A,8 s;速断时,25 A,0.01 s
进线柜整定值:过流时,2.4 A,8 s;速断时,16.5 A,0.01 s
母联柜整定值:过流时,2.2 A,8 s;速断时,15.2 A,0.01 s

9.4 低压柜

型号:KC/TF-1
额定电压:220 V
生产厂家:邯郸康创电气有限公司

9.5 稀油站

型号:FXYZ-25F
流量:25 L/min
油压:0.4 MPa
油箱容积:0.8 m^3
生产厂家:上海利安润滑设备制造有限公司

9.6 风门绞车

型号:JMB-2
额定电压:380 V

电机功率:5.5 kW

绳速:0.066 m/s

最大拉力:20 kN

10 压风机设备技术参数

10.1 M250 型压风机

容积流量:42.5 m^3/min
排气压力:0.85 MPa
额定功率:250 kW
电机型号:IY3554-4
转速:1 482 r/min
额定电流:29 A
额定电压:6 000 V
外形尺寸:4 650 mm×1 930 mm×2 146 mm
生产厂家:中国上海英格索兰压缩机有限公司

10.2 M355-A8-2S 型压风机

容积流量:67 m^3/min
排气压力:0.8 MPa
额定功率:355 kW
电机型号:IY4001-4
转速:1 482 r/min
额定电流:41.9A
额定电压:6 000 V
质量:8 150 kg
外形尺寸:4 650 mm×1 930 mm×2 146 mm
生产厂家:中国上海英格索兰压缩机有限公司

10.3 MH160-A8 型压风机

容积流量:27.6 m^3/min

排气压力:0.80 MPa

额定功率:160 kW

电机型号:IY3554-4

转速:1 482 r/min

额定电流:29 A

额定电压:380 V

质量:2 731 kg

外形尺寸:3 124 mm×1 587 mm×1 905 mm

生产厂家:中国上海英格索兰压缩机有限公司

10.4 L250 型压风机

容积流量:40.8 m^3/min

排气压力:0.85 MPa

额定功率:250 kW

电机型号:Y3555-4

转速:1 482 r/min

额定电流:30 A

额定电压:6 000 V

质量:5 090 kg

外形尺寸:3 150 mm×2 270 mm×2 073 mm

生产厂家:中国上海康普艾压缩机有限公司

10.5 高压柜

10.5.1 高压柜设备参数

型号:KYGC-12

额定电压:6 000 V

生产厂家:上海一开电气集团有限公司

10.5.2　高压柜运行参数

进线柜整定值：过流时，1.3 A，8 s；速断时，4.4 A，0.01 s

风机柜整定值：过流时，1.24 A，8 s；速断时，11.57 A，0.2 s

母联柜整定值：过流时，0.7 A，8 s；速断时，3.8 A，0.01 s

10.6　低压柜

型号：KYDZ-1

额定电压：380 V

生产厂家：无锡军工智能电气股份有限公司

10.7　风包

型号：4/1.0

使用压力：1.0 MPa

容积：4 m^3

设计温度：110 ℃

容器类型：1 类

介质：压缩空气

生产厂家：上海申江压力容器有限公司

10.8　安全阀

型号：A48Y-16C

工作压力：1.0 MPa

释放压力：0.82 MPa

第四篇　设备完好标准

1　矿井机械设备完好标准

1.1　紧固件

（1）螺纹连接件和锁紧件必须齐全，牢固可靠。螺栓头部和螺母不得有铲伤或棱角严重变形。

（2）螺栓不得弯曲。螺纹损伤不得超过螺纹工作高度的一半，且其连续损伤时间不得超过一周。螺孔乱扣、秃扣时，在不影响机体强度的前提下，允许扩孔，增大螺栓直径。

（3）螺母必须拧紧。螺栓的螺纹应露出螺母 1～3 个螺距，不得在螺母下加多余的垫圈来减少螺栓露出长度。

（4）螺纹表面必须光洁，不得用粗制螺纹代替精制螺纹。

（5）同一部位的紧固件规格必须一致，坚固件材质应满足设计要求。主要连接部位或受冲击载荷容易松动部位的螺母，必须使用防松螺母或其他防松装置。

（6）使用花螺母时，开口销必须符合要求；使用止动垫圈时，包角应稳固；使用铁丝锁紧时，其拉紧方向必须和螺旋方向一致，接头应向内弯曲。

（7）弹簧垫圈应有足够的弹性（自由状态开口重叠部分不得大于垫圈厚度的一半）。

（8）螺栓头部或螺母必须和相接触的部件紧贴。当该处为斜面时多应加相同斜度的斜垫。

（9）铆钉必须紧固，不得有明显歪斜现象。

1.2　键和键槽

（1）键的表面应光滑平整，四角倒棱。键材质的抗拉强度不得低于 45 号钢的强度。

(2) 键和键槽装配后,其工作面应贴合紧密,接触均匀;非工作面应按规定留有间隙。

(3) 键和键槽之间不得加垫。

(4) 装配楔键和切向键时,键初打入键槽的长度,不得小于键全长的80%,但不得大于键全长的90%。键与轮毂的接触长度不得小于轮毂宽度的80%。

(5) 平键键槽磨损后,允许加宽原槽的5%。轴及轮毂的键槽宽度应一致。

(6) 平键键槽轴心线与轴线的平行度、平键和键槽配合公差,均应符合技术文件的规定。

(7) 花键的接触齿数应不少于2/3 键齿厚的磨损量,应不得大于原齿厚的5%。

1.3 轴和轴承

(1) 轴不得有裂纹、严重腐蚀和伤。轴直线度应符合技术文件规定。

(2) 轴与轴孔的配合应符合技术文件要求;当其超过规定时,允许采用涂镀、电镀或喷涂工艺进行修复;在强度许可条件下,也可采用镶套处理。

(3) 轴颈磨损后,加工修正量不得超过设计直径的5%。

(4) 轴颈的圆度和圆柱度,除满足技术文件有规定外,必须符合表4-1-1的规定。

表 4-1-1 轴颈圆度和圆柱度 单位:mm

轴颈直径		80～120	120～180	180～250	250～315	315～400	40～500
圆度和圆柱度	新装轴	0.015	0.018	0.020	0.023	0.025	0.027
	磨损极限	0.100	0.120	0.150	0.200	0.220	0.250

1.4 滑动轴承

(1) 轴瓦合金层与轴瓦应牢固黏合,不得有脱壳现象。

(2) 轴瓦合金层表面不得有夹杂物、气孔、裂纹、剥落、严重点蚀和伤痕。

在下列情况下允许用焊补方法修复：

① 局部出现 3 个以下散在气孔，其最大尺寸不大于 2 mm，且相互间距不小于 15 mm。

② 仅在端角处有轻微裂纹。

③ 剥落面积不超过 1 cm^2 并且不多于 3 处。

（3）轴颈与轴瓦的顶间隙超过表 4-1-2 的最大值时，应调整垫片。垫片重叠数量不得超过 4 片。对于不能用垫片调整的轴瓦，其顶间隙超过最大磨损间隙时，应更换轴瓦。轴瓦的侧间隙约为顶间隙的 1/2。

表 4-1-2　轴颈与轴瓦的顶间隙　　单位：mm

轴颈直径	顶间隙	最大磨损间隙	轴颈直径	顶间隙	最大磨损间隙
30～50	0.050～0.128	0.20	180～250	0.170～0.314	0.45
50～80	0.060～0.152	0.25	250～315	0.190～0.352	0.50
80～120	0.072～0.180	0.30	315～400	0.210～0.382	0.60
120～180	0.085～0.211	0.35	400～500	0.230～0.424	0.70

（4）轴瓦与轴颈的承载部分应有 90°～120°的接触弧面，其接触长度不得小于轴瓦长度的 80%。

（5）轴瓦润滑油的油量要适当，油质应符合规定。轴承座不得漏油。采用油圈润滑方式时，油圈要转动灵活，油圈不得有裂纹。采用压力润滑时，油压应符合规定，油路应畅通。

1.5　滚动轴承

（1）轴承元件不得有裂纹、脱落、伤痕、锈斑、点蚀和变色等。保持架应完整无变形，转动灵活，无异响。

（2）轴承内圈与轴颈、轴承外圈与轴承座的配合应符合技术文件规定；其无具体规定时应符合表 4-1-3 及表 4-1-4 的规定。不得采取在轴颈上打麻面或加垫的办法来处理该项配合出现的间隙。

（3）滚动轴承径向磨损间隙不得超过表 4-1-5 的规定。

（4）安装圆锥滚柱轴承时，必须用垫调整轴向间隙，使其符合设计图纸要求；无规定时，应符合表 4-1-6 的规定。

表 4-1-3 轴承内圈与轴颈配合(k6) 单位:mm

轴承内径	配合盈量
30～50	0.002～0.030
50～80	0.002～0.036
80～120	0.003～0.045
120～180	0.003～0.053
180～250	0.004～0.063

表 4-1-4 轴承外圈与轴承座配合(J7) 单位:mm

轴承外径	配合间隙(+)或盈量(−)
50～80	+0.031～−0.012
80～120	+0.037～−0.013
120～150	+0.044～−0.014
150～180	+0.051～−0.O14
180～250	+0.060～−0.016
250～315	+0.071～−0.016
315～400	+0.079～−0.018
400～500	+0.088～−0.020

表 4-1-5 滚动轴承径向磨损间隙 单位:mm

轴承内径	磨损极限间隙
18～30	0.10
30～50	0.15
50～80	0.20
80～120	0.25
120～180	0.30
180～250	0.35

表 4-1-6　圆锥滚柱轴承轴向间隙　　单位:mm

轴承内径	轴向间隙
30～50	0.05～0.12
50～80	0.06～0.14
80～120	0.07～0.17
120～180	0.08～0.20
180～250	0.10～0.24

(5) 装配轴承轴颈的表面粗糙度不得大于0.8,轴承座孔的表面粗糙度不得大于0.6。

(6) 轴承润滑的油量要适当,油质应符合规定。轴承座不得漏油。

(7) 轴承在运行中应无异常响声。轴在轴承上的振幅不得超过表4-1-7的规定。对于运行中的温度,滚动轴承不得超过75 ℃,滑动轴承不得超过65 ℃。

表 4-1-7　轴在轴承上的振幅

转速/(r/min)	<1 000	<750	<600	<500
允许振幅/mm	0.10	0.12	0.16	0.20

1.6　联轴器

(1) 联轴器两轴的同轴度和端面间隙应符合表4-1-8的规定。

表 4-1-8　联轴器同轴度和端面间隙　　单位:mm

类型	外直径	端面间隙	两轴同轴度	
			径向位移	倾斜/‰
弹性圆柱销联轴器	10～260	设备最大轴向窜量加2～3	≤0.10	<1.0
	260～410		0.12	
	400～500		0.15	
齿轮联轴器	≤250	5	≤0.20	<1.0
	250～500	10	≤0.25	
	500～900	15	≤0.30	
	900～1 400	20	≤0.35	

表 4-1-8(续)

类型	外直径	端面间隙	两轴同轴度	
			径向位移	倾斜/‰
蛇形弹簧联轴器	200	设备最大轴向窜量加2～3	≤0.10	<1.0
	200～400		≤0.20	
	400～700		≤0.30	
	700～1 350		≤0.50	

(2) 弹性圈柱销联轴器应完好。

① 两个半联轴器的任何两个穿柱销的孔对准后,柱销应能自由地穿入其他各孔。

② 弹性圈的内径与柱销应紧密配合,其外径与孔应有 0.3～0.7 mm 的间隙。

③ 柱销螺母应有防松装置。

(3) 齿轮联轴器齿厚磨损不得超过原齿厚的 20%。

(4) 蛇形弹簧联轴器的弹簧不得有损伤,其厚度磨损量不得超过原厚的 10%。

2　矿井提升系统设备完好标准

2.1　主轴装置

（1）主轴轴向水平度不得大于 0.01%。

（2）主轴每 2 年进行一次探伤。

2.2　滚筒

（1）滚筒与主轴连接螺栓的拧紧力不小于 1 140 N·m。

（2）滚筒无裂纹破损和变形。

2.3　制动系统

2.3.1　制动器

（1）同一副制动闸的两闸瓦工作面的平行度不得超过 0.5 mm。

（2）制动时，闸瓦与制动盘的接触面积不得小于闸瓦面积的 60%。

（3）松闸后，闸瓦与制动盘之间的间隙不大于 2 mm。

（4）制动盘的端面跳动不大于 0.5 mm。

（5）制动盘不得有裂纹和油污。工作面沟深不得超过 1.5 mm，沟宽总和不得超过有效工作面宽度的 10%。

（6）盘形制动器制动空行时间不能超过 0.3 s。

2.3.2　液压站

（1）液压站残压不大于 1 MPa。

（2）在正常工作情况下，油压的压力振摆值不大于±0.6 MPa。

(3) 仪表元件齐全。温度、压力显示不超标。计量等仪器仪表要定期校验。

(4) 油温小于 65 ℃,油位不低于油标最底线。

(5) 油泵运转正常无杂音,无漏油现象。

(6) 各电磁阀动作灵活可靠,位置准确。

2.4 保护装置

各保护装置齐全,安装位置正确牢固,动作灵敏可靠。

(1) 过卷和过放保护:当提升容器超过正常终端停止位置 0.5 m 时,必须能自动断电,且使制动器实施安全制动。

(2) 超速保护:当提升速度超过最大速度 15%时,必须能自动断电,且使制动器实施安全制动。

(3) 过负荷和欠电压保护完好。

(4) 限速保护:提升速度超过 3 m/s 的提升机应当装设限速保护,以保证提升容器到达终端位置时的速度不超过 2 m/s。当减速段速度超过设定值的 10% 时,必须能自动断电,且使制动器实施安全制动。

(5) 提升容器位置指示保护:当位置指示失效时,能自动断电,且使制动器实施安全制动。

(6) 瓦间隙保护:当闸瓦间隙超过规定值时,能报警并闭锁下次开车。

(7) 仓位超限保护:当箕斗提升的井口煤仓仓位超限时,能报警并闭锁开车。

(8) 减速功能保护:当提升容器到达设计减速点时,能报警并开始减速。

(9) 错向运行保护:当发生错向时,能自动断电,且使制动器实施安全制动。

2.5 仪表

(1) 各紧固件不得松动、脱落。

(2) 各接线必须牢固、可靠、安全。

(3) 各仪表按规定期限定期进行检验。

2.6　直流电动机

(1) 铁芯应清扫干净，无锈蚀、无灼痕、无断裂、无油垢。铁芯通风气道无堵塞。

(2) 换向器表面不得有油垢、烧痕及变黑现象。

(3) 电刷导电辫两端连接紧固，中间不得有断裂或烧损。

(4) 电刷与换向器接触面积不得小于总面积的 80%。

(5) 对于电枢与磁极铁芯之间的气隙，其最大值与最小值之间不超过 10%。

2.7　润滑系统

(1) 润滑泵及其他附件齐全完整，无漏油现象。

(2) 系统仪表齐全，显示准确。

(3) 油路畅通，油量适宜，油质符合润滑要求。

2.8　冷却风机

(1) 机体零部件完整齐全，连接紧固，无锈蚀。

(2) 上下壳体结合密封良好。

(3) 风机、电机运转无杂音。

(4) 风机轴承温度小于 70 ℃。

(5) 电机轴端温度小于 95 ℃。

(6) 润滑系统完整齐全，不漏油。油质、油量符合要求。

2.9　信号系统

(1) 信号系统应声光具备，清晰可靠。

(2) 备用信号准确可靠，通话系统清晰。

(3) 紧急停车信号安全可靠。

2.10 变压器

2.10.1 铁芯

(1) 铁芯平整,绝缘漆膜无脱落,叠片紧密。

(2) 铁芯上下夹紧螺栓紧固,无松动。

2.10.2 绕组

(1) 绕组清洁,表面无灰尘和杂质;绕组无变形、倾斜、位移;绕组绝缘无破损、变色及放电痕迹。

(2) 引线绝缘完好,无变形和变脆。引线无断股情况。接头表面平整、清洁、光滑无毛刺,并不得有其他杂质。引线及接头处无过热现象,引线固定牢固。

(3) 各进线及出线接触面无过热、灼伤痕迹,连接紧固。

(4) 各绝缘件无爬电痕迹和碳化现象,绝缘无损坏。紧固件、连接件不松动。

2.11 电抗器

(1) 线圈清洁,表面无灰尘和杂质。

(2) 各绝缘完好,无破损。

(3) 各接线接触面无过热、灼伤痕迹,连接紧固。

(4) 地脚螺栓紧固无松动。

2.12 快开

(1) 快开整定值准确。

(2) 紧固件无松动,触头接触良好。

(3) 端子排接线无松动,机构转动部位转动灵活。

(4) 灭弧室内无灼烧痕迹和喷溅金属。

3　井筒、装载、操车等设备完好标准

3.1　主井井筒

3.1.1　箕斗

（1）箕斗扇形门卸载轮转动灵活，扇形门开关灵活。

（2）箕斗上磁铁牢固可靠。

3.1.2　定量斗

（1）定量斗卸载门开关灵活、无卡阻现象。

（2）衬板磨损符合要求，气缸完好。

3.1.3　滚动罐耳

（1）滚动罐耳转动灵活，罐耳内不缺油。

（2）滚动罐耳与管道之间的间隙应保持在 10～15 mm，胶轮磨损量不超过 2/3。

（3）罐耳底座连接牢固可靠，无开裂现象。

（4）罐耳与罐座的固定螺栓紧固，保护调节螺栓罩紧固。

（5）销轴的磨损应不影响间隙。

3.1.4　固定罐耳

固定罐耳任意一侧的磨损量不超过 8 mm。

3.1.5　钢丝绳平衡装置

（1）各部位连接销轴可靠，平衡油缸不缺油。

（2）在整个提升过程中，油缸伸缩必须有余量。

(3) 楔形连接装置牢固,钢丝绳牢固。

3.1.6 井筒组合罐道

(1) 罐道固定牢固可靠。

(2) 组合钢罐道任一侧的磨损量不得超过原有厚度的50%。

3.1.7 曲轨、稳罐道

(1) 曲轨和稳罐道的固定牢固,磨损不严重。

(2) 当箕斗进入稳罐道时,当箕斗卸载轮进入曲轨时无磕碰现象。

3.1.8 天轮

(1) 天轮轴承轴瓦不缺油。

(2) 润滑良好。衬垫磨损深度不超过28 mm,侧面磨损深度不超过14 mm。

3.1.9 过卷、减速开关

(1) 连接线外皮无破损。

(2) 固定牢固,动作灵敏。

3.1.10 尾绳连接

(1) 连接销轴无磨损。

(2) 尾绳固定块牢固可靠。

3.1.11 尾绳架

(1) 分绳器枕木固定牢固。

(2) 聚氨酯耐磨块磨损不严重。

3.1.12 钢梁、梯子间

(1) 钢梁固定可靠,无变形、损坏等。

(2) 梯子间栅栏及各层平台完好。

(3) 栅栏螺栓牢固可靠。

3.1.13　井筒电缆

（1）电缆外皮无损坏。

（2）卡子无松动。

3.1.14　防蹲防撞

（1）钢丝绳无锈蚀、无断丝。

（2）固定牢固可靠。

（3）自锁装置灵活无卡阻。

（4）防撞平台无变形。

3.2　副井井筒

3.2.1　罐笼

（1）罐笼门开关灵活完好。

（2）侧板、顶板、底板严密完好。

（3）磁铁固定牢固可靠。

（4）罐内起落灵活。

（5）油缸、油路无漏油。

3.2.2　滚动罐耳

（1）滚动罐耳转动灵活。

（2）罐耳内不缺油。

（3）滚动罐耳与管道之间的间隙应保持在 10～15 mm，胶轮磨损量不超过原厚的 2/3。

（4）罐耳底座连接牢固可靠，无开裂现象。

（5）罐耳与罐座的固定螺栓紧固，保护调节螺栓罩紧固。

（6）销轴的磨损应不影响间隙。

3.2.3　固定罐耳

固定罐耳任意一侧的磨损量不超过 8 mm。

3.2.4 钢丝绳平衡装置

(1) 各部位连接销轴可靠。

(2) 平衡油缸不缺油。

(3) 在整个提升过程中,油缸伸缩必须有余量。

(4) 楔形连接装置牢固。

(5) 钢丝绳牢固。

3.2.5 井筒组合罐道

(1) 罐道固定牢固可靠。

(2) 磨损不超限。组合钢罐道任一侧的磨损量不超过原有厚度的50%。

3.2.6 四角罐道

(1) 罐道紧固。

(2) 罐笼与四角罐道间隙合适。

(3) 罐笼在进入四角罐道时,无磕碰现象。

3.2.7 天轮

(1) 天轮轴承轴瓦不缺油,润滑良好。

(2) 衬垫磨损深度不超过28 mm,侧面磨损不超过14 mm。

3.2.8 尾绳连接

(1) 连接销轴磨损不严重。

(2) 尾绳固定块牢固可靠。

3.2.9 尾绳架

(1) 分绳器枕木固定牢固。

(2) 聚氨酯耐磨块磨损不严重。

3.2.10 钢梁、梯子间

(1) 钢梁固定可靠,无变形和损坏等。

(2) 梯子间栅栏及各层平台完好。

(3) 栅栏螺栓牢固可靠。

3.2.11　风水管路

（1）管路无跑、冒、滴、漏现象。

（2）清水管的减压阀可靠。

（3）排水管的活动量符合要求。

3.2.12　井筒电缆

（1）电缆外皮无损坏。

（2）卡子无松动。

3.2.13　过卷、减速开关

（1）连接线外皮无破损。

（2）固定牢固，动作灵敏。

3.2.14　防蹲防撞

（1）钢丝绳无锈蚀、无断丝。

（2）固定牢固可靠。

（3）自锁装置灵活无卡阻现象。

（4）防撞平台无变形。

4 井下高压供电系统设备完好标准

4.1 通用部分

4.1.1 紧固件

(1) 紧固用的螺栓、螺母、垫圈等齐全、紧固、无锈蚀。

(2) 同一部位的螺母、螺栓规格一致。平垫、弹簧垫圈的规格应与螺栓直径相符合。紧固的螺栓应有防松装置。

(3) 用螺栓紧固不透眼螺孔的部件,紧固后螺孔须留有大于 2 倍防松垫圈的厚度的螺纹余量。螺栓拧入螺孔长度应不小于螺栓直径,但铸铁、铜、铝件的不应小于螺栓直径的 1.5 倍。

(4) 螺母紧固后,螺栓螺纹应露出螺母 1～3 个螺距,不得在螺母下面加多余垫圈和减少螺栓的伸出长度。

(5) 紧固在护圈内的螺栓或螺母,其上端平面不得超过护圈高度。

4.1.2 隔爆性能

(1) 平口的结合面必须压实,不留间隙。转盖结合面间隙不能超过 0.5 mm。

(2) 隔爆结合面的表面粗糙度不大于 6.3,操作杆的表面粗糙度不大于 3.2。

(3) 螺纹隔爆结构:螺纹精度不低于 3 级,螺距不小于 0.7 mm;螺纹的最少啮合扣数不于小 6 扣。

(4) 隔爆结合面的法兰减薄厚度应不大于原设计规定的维修余量。

(5) 隔爆结合面存在缺陷或机械伤痕时,将其伤痕两侧高于无伤表面的凸起部分磨平后且不得超过下列规定:

① 对于隔爆面上对局部出现的直径不大于 1 mm、深度不大于 2 mm 的

砂眼，在 40 mm、25 mm、15 mm 宽的隔爆面上，每 1 cm^2 不得超过 5 个；在 10 mm 宽的隔爆面上不得超过 2 个。

② 生产的机械伤痕的宽度与深度不得大于 0.5 mm，其长度应保证剩余无伤隔爆面有效长度不小于规定长度的 2/3。

(6) 隔爆结合面不得有锈蚀。

(7) 用螺栓固定的隔爆结合面，其紧固程度应以压平弹簧垫圈不松动为合格。

(8) 窗孔胶封及透明度良好，无破损、无裂纹。

4.1.3　接线

(1) 进线嘴连接紧固，密封良好，并符合下列规定：

① 密封圈材质符合要求。

② 接线后紧固件的紧固程度以抽拉电缆不窜动为合格。线嘴压紧应有余量。线嘴与密封圈之间应加金属垫圈。压叠式线嘴压紧电缆后的压扁量不超过电缆直径的 10%。

③ 密封圈内径与电缆外径差应小于 1 mm。密封圈外径进线装置内径差应符合下列规定：

(a) 密封圈外径大于或等于 20 mm 时，密封圈外径与进线装置内径应小于或等于 1 mm。

(b) 密封圈外径大于 20 mm、小于 60 mm 时，密封圈外径与进线装置内径应小于或等于 1.5 mm。

(c) 密封圈外径大于 60 mm 时，密封圈外径与进线装置内径应小于或等于 2.0 mm。密封圈宽度应等于电缆外径的 0.7 倍，但必须大于 10 mm，密封圈厚度应大于电缆外径的 0.3 倍。密封圈无破损，不得割开使用。电缆与密封圈之间不得包扎其他物体。

④ 低压隔爆开关引入铠装电缆时，密封圈应全部套在电缆铅皮上。

⑤ 电缆护套(铅皮)穿入进线嘴长度一般为 5～15 mm；当电缆粗穿不进时，可将穿入部分锉细(但护套与密封圈结合部位不得锉细)。

⑥ 低压隔爆开关空闲的进线嘴应有密封圈及厚度不小于 2 mm 的钢垫板封堵压紧。螺旋线嘴用手拧紧为合格，压叠式线嘴用手晃不动为合格。钢垫板应置于密封圈的外面，其直径与进线装置内径差应符合有关规定。高压隔爆开关空闲的接线嘴应用与接线嘴法兰厚度、直径相符的钢垫板封堵压紧。

⑦ 高压隔爆开关接线盒引入铠装电缆后，应用绝缘胶灌至电缆三叉

以上。

(2) 接线装置齐全、完整、紧固,导电良好,并符合下列要求:

① 绝缘座完整无裂纹。

② 接线螺栓和螺母无损伤,无放电痕迹。接线零件齐全,有卡爪、弹簧垫、背帽等。

③ 接线整齐、无毛刺。卡爪不压绝缘胶皮或其他绝缘物,也不得压或接触屏蔽层。

④ 接线盒内导线的电气间隙和爬电距离,应符合《爆炸性环境用防爆电气设备增安性电气设备》的相关规定。

⑤ 隔爆开关的电源、负荷引入装置,不得颠倒使用。小接线嘴不得出电源线。

(3) 固定电气设备应符合下列要求:

① 设备引入(出)线的终端线头应用线鼻子或过渡接头接线。

② 导线连接牢固可靠,接头温度不得超过导线温度。

(4) 电缆的连接除应符合《煤矿安全规程》相关规定外,还应符合下列要求:

① 电缆芯线的连接严禁绑扎,应采用压接或焊接。连接后的接头电阻不应大于同长度芯线电阻的 1.1 倍,其抗拉强度不应小于原芯线的 80%。不同材质芯线的连接应采用过渡接头,其过渡接头电阻值不应大于同长度芯线电阻值的 1.3 倍。

② 高、低压铠装电缆终端应灌注绝缘材料。内部可采用环氧树脂干封。中间接线盒应灌注绝缘胶。

4.1.4 安全供电

(1) 高、低压电气设备的短路、漏电、接地等保护装置,必须符合《煤矿安全规程》《矿井保护接地装置的安装、检查、测定工作细则》《煤矿井下检漏继电器安装、运行、维护与检修细则》和《矿井低压电网短路保护装置的整定细则》的规定。

(2) 短路保护计算整定合格,动作灵敏可靠。

(3) 漏电保护装置使用合格。

(4) 接地螺栓符合下列标准:

① 电气设备的金属外壳和铠装电缆接线盒的外接地螺栓应齐全完整。

② 电气设备接线盒应设有内接地螺栓。

③ 外接地螺栓直径：容量小于或等于 5 kW 的不小于 8 mm；容量大于 5～10 kW 不小于 10 mm；容量大于 10 kW 的不小于 12 mm；通信、信号、按钮、照明灯等小型电气设备不小于 6 mm。

④ 接地螺栓应进行电镀防锈处理。

（5）接地线应符合下列规定：

① 对于接主接地极的接地母线，其截面积应不小于：镀锌铁线时 100 mm^2，扁钢时 25×4 mm^2，铜线时 50 mm^2。

② 对于铅皮的连接接地线，其截面积应不小于：铜线时 25 mm^2，扁钢时 50 mm^2（厚度不小于 4 mm），镀锌铁线时 50 mm^2。

（6）接地极应符合下列规定：

① 主接地极应用耐腐蚀的钢板制成，其面积不小于 0.75 m^2，厚度不小于 5 mm。

② 局部接地极可改置于巷道水沟或其他就近的潮湿处。设置在水沟的接地极应用面积不小于 0.6 m^2，厚度不小于 3 mm 的钢板或具有同等有效面积的钢管制成，并平放在水沟深处。

（7）接地电阻不得大于下列数值：

① 井下设备 2 Ω。

② 井下手持移动电气设备 1 Ω。

（8）设备闭锁装置齐全可靠。

（9）井下供电应符合《煤矿安全规程》相关规定，做到“三无、四有、两齐、三全、三坚持”。

4.1.5 不漏油、不漏电的规定

（1）不漏油。固定结合面及阀门、油标管等不应有油迹。运动部位允许有油迹，但擦干后在 3 min 不见油，半小时不成滴。非密闭运动部件润滑不得甩至其他部件和基础上。

（2）不漏电。网络的绝缘电阻符合下列规定：1 140 V 时不小于 60 kΩ；660 V 时不小于 30 kΩ；330 V 时不小于 15 kΩ；127 V 时不小于 10 kΩ。

4.1.6 电气性能检测

（1）电气设备绝缘性能必须按《煤矿电气实验规程（试行）》规定的周期和项目进行试验，并符合标准。

（2）绝缘油、新油使用前应做油质分析；运行中的油，每年做一次简化分

析;多油断路器的油,每半年进行一次耐压实验。

(3) 继电保护装置计算整定检验每年进行一次;矿井电源的继电保护装置,每半年检验一次。

(4) 指示回转仪表应每年检验一次,其准确等级不得低于 2.5 级;电源计量仪表应每半年校验一次,其准确等级不得低于 1.0 级。

4.1.7 设备使用

(1) 高低压开关的选用应符合《煤矿安全规程》相关要求,与被控设备的容量应匹配。有下列情况之一者,不得评为完好设备。

① 超容量,超电压等级使用者;

② 不符合使用范围者;

③ 继电保护失灵,熔体选用不合格者;

④ 隔爆开关用小喇叭嘴引出动力线者。

(2) 井下隔爆型电气设备,必须在下井前,经过指定的隔爆电气设备检查员检查出具体合格证,否则一律不得评为完好设备。

4.1.8 安全防护

(1) 机房(硐室)和电气设备一切可能危及人身安全的裸露带电部分及转动部位,均需设防护罩、防护栏,并悬挂危险警告标志。

(2) 机房(硐室)、临时配电点,应备有符合规定的防火器材。

(3) 机房(硐室)、临时配电点,不得存放汽油、煤油、绝缘油和其他易燃物品。用过的棉纱(破布)应存放在盖严的专用容器内,并放置在指定地点。

4.1.9 设备涂饰

(1) 设备表面应涂防锈漆。开关箱、按线盒等内壁应涂耐弧漆,颜色与出厂颜色一致。

(2) 设备的护栏、油标、注油孔及油塞的外表应涂红色油漆。

(3) 设备外表脱落油漆的部位应及时补漆。

4.1.10 设备环境

(1) 设备表面无积尘、油垢及杂物。

(2) 机房(硐室)、临时配电点清洁卫生,无杂物、无淤泥、无积水、无滴水、无油垢。工具、备件、材料等存放在固定地点,设备安放整齐。

（3）机房(硐室)通风良好。照明设施亮度符合安全要求。

4.2　移动变电站

4.2.1　外观检查

（1）零部件齐全、紧固、完整。

（2）箱体及散热器无变形、无锈蚀。

（3）托撬小车无严重变形。轮组转动灵活，不松旷。

（4）箱体内、外无积尘、无积水、无水珠。

4.2.2　变压器、开关及接线

（1）电缆连接器接触良好。接线盒不发热。在井下使用时，应采用监视型屏蔽橡套电缆。

（2）箱内二次回路导线排列整齐。接线符合规定。瓷瓶牢固无松动现象，无裂纹、无损伤、无放电痕迹。

（3）接线符合接线工艺有关规定。

（4）变压器运行声音正常，运行温度不超过下列规定：B 级绝缘不超过 110 ℃；F 级绝缘不超过 125 ℃；H 级绝缘不超过 135 ℃。

（5）开关接线连接紧密。触头接触良好，无严重烧痕。隔离刀闸开关插入深度不低于刀闸宽度的 2/3。三组合闸不同期性不大于 3 mm。

（6）开关操作机构动作灵活可靠。各传动轴不松旷。分、合闸指示正确。

4.2.3　保护装置及隔爆性能

（1）保护装置齐全、整定合格、灵敏可靠。温度继电器动作灵敏正确。

（2）互感器性能良好，有规定期内测试记录。

（3）电气、机械连锁装置齐全，动作正确可靠。

（4）接地标志明显，接地装置符合规定。

（5）绝缘性能良好，绝缘电阻值符合下列数值：127 V 不低于 0.5 MΩ，380 V/660 V 时不低于 5 MΩ，1 140 V 时不低于 50 MΩ，6 kV 不低于 200 MΩ。

（6）隔爆性能符合电气隔爆标准。

4.3 隔爆开关

4.3.1 外观检查

(1) 外壳、托架无严重损伤、变形和锈蚀,壳内无水珠。

(2) 观察孔玻璃完整无损,表面清洁。

(3) 保护齐全完整、灵敏可靠、指示正确。

4.3.2 保护装置及隔爆性能

(1) 保护装置整定合格,动作灵敏可靠,保护整定值与实际相符。

(2) 接地装置良好,符合接地有关标准。

(3) 设备隔爆性能符合电气设备隔爆标准。

4.4 电缆

4.4.1 外观检查

(1) 橡套电缆护套无明显损伤。不露出芯线绝缘或屏蔽层,护套损伤伤痕深度不超过厚度的 1/2,长度不超过 20 mm 或沿周长 1/3,无老化现象。

(2) 铠装电缆钢带,钢丝不松散,涂有防锈油。

(3) 电缆标志牌齐全,改变电缆直径的接线盒两端,拐弯处、分岔处及沿线 200 m 均应悬挂标志牌、注明电缆编号、电压等级、截面积、长度、用途等项目。

(4) 电缆接线盒零部件齐全完整,无锈蚀,密封良好,不渗油。

(5) 电缆上部无淋水(有淋水处需采取防护措施)。

4.4.2 电缆铺设

(1) 电缆辅设应符合《煤矿安全堆积的规定》。

(2) 电缆应用吊钩(卡)悬挂,橡套电缆严禁用铁丝悬挂。

(3) 电缆悬挂整齐、不交叉、不落地,应用适当驰度,在承受意外重力时能自由坠落。电缆悬挂高度应在矿车、电机车、装岩机等掉道时不致碰撞。在电缆坠落时,电缆不致落在轨道或运载机械上。

(4) 电缆悬挂的间距在水平或倾斜的巷道内不得超过 3 m,在立井井筒内不得超过 6 m。

(5) 沿钻孔铺设的电缆必须绑紧在钢丝绳上。钻孔应加装套管。

(6) 综采工作面的电缆，应放入电缆槽或夹板内；工作面出口电缆应用吊梁悬挂或绑扎吊挂，不得与油管、风管、水管混吊。

4.4.3 电缆使用

(1) 不得超负荷运行，接头温度不得超 60 ℃。

(2) 工作电压与电缆额定电压相符。千伏级以上的橡套电缆在井下使用时，应采用不延燃屏蔽电缆。

(3) 运行中电缆不应盘成圈或∞字形（屏蔽电缆、采煤机电缆车的电缆除外）。

(4) 井筒或巷道内的电话和信号电缆应与电力电缆分别挂在井巷的两侧，至少应距电力电缆 300 mm 以上，并挂在电力电缆的上面。在巷道内铺设电力电缆时，高压电缆应在上面；高、低电缆的间距应大于 100 mm。同等电压电缆之间的间距应不小于 50 mm。

4.4.4 电缆连接、绝缘及接地

(1) 井下使用的电缆一律采用接线盒或电缆联接器连接。

(2) 接线盒、联接器的额定电压应与电缆使用的电压相符。

(3) 橡套电缆接头温度不得超过电缆温度。

(4) 电缆绝缘电阻应符合下列规定：6 kV 时不小于 100 MΩ/km；1 140 V 时不小于 50 MΩ/km；600 V 时不小于 10 MΩ/km。

(5) 接地装置符合接地完好要求。

5 矿灯房设备完好标准

(1) 矿井完好的矿灯总数,至少应当比经常用灯的总人数多10%。

(2) 矿灯完好率95%以上,红灯率不高于0.5%。充电架台台完好。

(3) 矿灯应当集中统一管理。每盏矿灯必须编号。经常使用矿灯的人员必须专人专灯。

(4) 制定相应的灯房管理制度、矿灯收发考勤制、操作规程、岗位责任制、交接班制、矿灯损坏赔偿及罚款制度。并且严格执行各项制度,认真填写各项记录,按章操作。

(5) 矿灯应当保持完好。出现亮度不够、电线破损、灯锁失效、灯头密封不严、灯头圈松动、玻璃破裂等情况时,严禁发放矿灯。发出的矿灯,最低应当能连续正常使用11 h。

(6) 矿灯有可靠的短路保护装置。矿灯灯头、灯线、灯锁及灯盒完整无损。

(7) 矿灯应为双光源,主辅光源工作正常。

(8) 矿灯应当使用免维护电池,并具有过流和短路保护功能。采用锂离子蓄电池的矿灯还应当具有防过充电、过放电功能。

(9) 严禁矿灯使用人员拆开、敲打、撞击矿灯。人员出井后(地面领用矿灯人员,在下班后),必须立即将矿灯交还灯房。

(10) 在每次换班2 h内,必须把没有还灯人员的名单报告矿调度室。

(11) 充电架有合格的过流保护、稳压装置和接地设施。

(12) 灯房内清洁卫生,无杂物和积水。充电架和管线布置整齐,有采暖降温设施。防护用具齐全无损,灭火器材充足。

(13) 矿灯房应当符合下列要求:

① 用不燃性材料建筑。

② 取暖用蒸汽或者热水管式设备,禁止采用明火取暖。

③ 有良好的通风装置。

④ 有与矿灯匹配的充电装置。

(14) 入井人员必须随身携带额定防护时间不低于 30 min 的隔绝式自救器。

6 井上高压供电系统设备完好标准

6.1 高压开关柜

6.1.1 断路器、隔离开关

（1）断路器、隔离开关相间的电气间隙符合出厂要求，固定牢固。

（2）真空断路器的灭弧室及内部零件无氧化变色，真空度符合出厂规定。

（3）多油断路器油箱升降机构灵活，滑轨平整。油箱内隔板齐全，固定可靠。

6.1.2 母线

（1）支承瓷瓶表面清洁，无油垢、积尘，无破损、裂纹，无放电痕迹。

（2）母线固定牢靠，接头接触紧密，母线漆色及相序应符合相应规定

（3）母线运行温度不得超过 70 ℃。

（4）母线焊缝、接头温度不得超过 65 ℃。

（5）有规定期内母线交流耐压试验合格记录。

6.1.3 二次回路

（1）配线整齐、清晰，导线绝缘良好，无损伤。柜内导线不得有接头。

（2）导线线端标志齐全、清晰。应采用截面不小于 1.5 mm^2、电压不低于 400 V 的铜芯绝缘导线，但电流回路导线截面不小于 2.5 mm^2。

（3）绝缘电阻不低于 1 MΩ，在潮湿地点（井下）允许降为 0.5 MΩ。

6.1.4 互感器

（1）表面绝缘无变色、老化，外壳接地可靠，运行中无异响。

（2）电流互感器二次回路接地可靠。

6.1.5　熔断器及继电保护装置

（1）熔断器的熔体选用合适，过流和欠压保护装置的动作整定值应符合保护方案的要求。真空及六氟化硫断路器的漏电、绝缘监视等保护整定合格，动作可靠。有规定期内的整定记录。

（2）仪表指针、触点灵活可靠，无刮卡现象。继电器触点无烧损现象，刻度清晰。

6.1.6　操作机构、闭锁装置

（1）操作（蓄能）机构动作灵活、正确，无卡阻现象。分、合标志清晰，与触头位置相一致。

（2）分、合闸继电器和辅助切换开关动作准确可靠，触点接触良好，无烧损或锈蚀；继电器铁芯动作灵活，无卡阻现象，运行中无异响。

（3）闭锁装置牢固可靠，连锁装置动作正确。

6.1.7　开关柜本体

（1）外架无严重变形，表面无锈蚀及大面积脱漆现象，表面清洁，无灰尘积垢。

（2）零部件完整齐全，仪表、信号灯、按钮齐全，安装正确、牢固。

（3）有编号、用途、整定值的标志牌。运行中无异常响声，仪表指示正确。

（4）接地装置标志明显，装置符合规定，有规定期内的接地电阻的测定记录。

6.2　低压开关柜

6.2.1　资质

（1）新购设备“三证一标志”，图纸资料齐全，有专人验收并有记录。

（2）检修后设备有检修试验记录，有专人验收并有记录。

（3）设备整定值有专人计算，整定正确。

6.2.2　外观

（1）零部件完整齐全，板体或盘面不变形，整洁无油污、积尘，无锈蚀。

(2) 低压开关板的门应开启灵活，并有插销或锁，开启角度不小于 90°。

(3) 绝缘瓷瓶表面清洁，无破损、裂纹，无放电痕迹。

(4) 接地标志明显，接地装置符合规定，有规定期内的接地电阻测定记录。

(5) 各元件安设牢固，不松动，不歪斜。

6.2.3 母线

(1) 母线的漆色及相序符合表 4-6-1 的规定。母线固定可靠，接头紧密。

表 4-6-1　母线的漆色及相序规定

组别	颜色	母线安装相对位置		
		垂直布置	水平布置	引下线
A	黄	上	左	后
B	绿	中	中	中
C	红	下	右	前
中性线	紫		—	—
接地线	紫地黑条	—	—	—

(2) 支承瓷瓶表面清洁，无油垢、积尘，无裂纹、破损，无放电痕迹。

(3) 在运行中母线温度不得超过 70 ℃，焊压接头温度不得超过 65 ℃。

6.2.4 隔离刀闸开关

(1) 手柄清洁，无污垢，无灼烧痕迹。

(2) 分、合闸手柄灵活可靠。开关刀闸与刀夹接触良好，接触面积不小于 75%。

6.2.5 熔断器

(1) 熔断器固定牢靠。熔断器管无严重烧痕，无裂纹。

(2) 熔体选择符合规定，接触良好。

6.2.6 自动开关

(1) 本体清洁，无积垢、积尘，无破损、裂纹。

(2) 接触表面无严重烧痕。三相接触不同期性不大于 0.5 mm。触点行程、超行程应符合规定。

（3）动作灵活，运行中无异响。

（4）消弧装置固定可靠，无缺片或联片，无裂纹。

6.2.7　保护装置及计量仪表

（1）动作灵敏可靠，指示正确，无刮卡现象，并有规定期内的试验合格记录。

（2）绝缘良好，用 500 V 兆欧表测定全部保护回路的绝缘电阻值，应不低于 1 MΩ；在潮湿的地点（井下）允许降低到 0.5 MΩ。

6.2.8　二次回路

（1）配线整齐、清晰，导线绝缘良好，无损伤。柜内导线不得有接头。

（2）导线线端标志齐全、清晰。应采用截面积不小于 1.5 mm^2、电压不低于 400 V 的铜芯绝缘导线，但电流回路导线截面不得小于 2.5 mm^2。

6.2.9　绝缘性能

（1）绝缘电阻不得低于 1 MΩ，在潮湿地点（井下）允许降为 0.5 MΩ。

（2）绝缘性能良好。绝缘电阻：380 V 时，不低于 2 MΩ；660 V 时，不低于 5 MΩ。

（3）其他标志牌、铭牌完好齐全，内容完整。

6.3　主变压器

6.3.1　零部件质量

（1）瓷件完好，无外观缺陷。

（2）气体继电器检验合格，动作可靠。

（3）油位标线清晰，油位明显、正确。

（4）呼吸器干燥剂量充足，不变色失效。

（5）净油器及安全气道（压力释放阀）结构完好，性能可靠。

（6）分接开关动作灵活可靠，指示正确。

（7）温度计指示灵敏、准确。

（8）冷却系统（冷油器、潜油泵、风冷却器及控制箱等）完整好用，其性能满足运行要求。

(9) 各部螺栓齐全、紧固、规整。

6.3.2 运行状况

(1) 在规定的温升和冷却条件下,变压器能达到铭牌出力或查定能力。

(2) 在正常条件下,变压器上层油温应不超过表 4-6-2 的规定。

表 4-6-2 变压器上层油温允许值 单位:℃

冷却方式	冷却介质最高温度	最高上层油温	
		电力变压器	电炉、整流变压器
自然循环自冷、风冷	40	95	90
强油循环风冷	40	85	80
强油循环水冷	30	70	65

注意:当冷却介质温度下降时,上层油温也应相应下降。自然循环变压器上层油温一般不宜经常超过 85 ℃。

(3) 无励磁调压变压器,在±5%额定电压范围内改变分接位置时,其额定容量不变(如为-7.5%和-10%额定电压分接位置,其额定容量应相应降低 2.5%和 5%);有载调压变压器各分接位置的额定容量应符合制造厂的规定。

(4) 变压器运行声音正常。瓷件无闪络现象。

(5) 附属设备运行正常,其振动及温升不超过规定值。

7　矿井主排水泵及其配套设备完好标准

7.1　零、部件

(1) 泵本体及各零、部件完整齐全。

(2) 各部连接螺栓齐全,连接紧固。

(3) 安全防护装置齐全、稳固。

(4) 压力表、电流表等仪表齐全、灵敏,量程符合规定。

(5) 进、出口阀门及润滑、冷却系统管线安装整齐,标志明显。油标、油杯等齐全好用。

(6) 泵体、泵座及附属管线、管件油漆完整。

(7) 基础、底座完整、紧固。

7.2　运行性能

(1) 压力、流量平稳,各部温度正常,电流稳定。

(2) 运转平稳,无异常振动、杂音等不正常现象。

7.3　技术资料

(1) 有泵的总装图或结构图,有易损配件图。

(2) 有使用说明书、产品合格证、质量证明书。

(3) 相关操作规程、维护检修规程齐全。

(4) 设备档案齐全,数据准确。

(5) 有安装及试车验收资料。

(6) 有设备运行记录。

(7) 有历次检修及验收记录。

（8）有设备缺陷及事故情况记录。

7.4 设备及环境

（1）设备清洁，外表无灰尘、油垢。

（2）基础整洁，表面无积水、杂物。环境整齐清洁。

（3）进、出口阀门、法兰、接口及泵体各段结合处均无泄漏。

7.5 密封

（1）填料密封：初期每分钟小于等于20滴，末期每分钟小于等于40滴。

（2）机械密封：初期无泄漏，末期每分钟小于等于5滴。

7.6 阀门

7.6.1 阀体

（1）阀体无砂眼、裂纹及冲刷严重等缺陷。

（2）内部管道无杂物且畅通，与阀芯接触部位打磨干净并涂有铅粉油。

（3）与阀盖或阀芯的连接部位及螺纹，能灵活自如。

7.6.2 阀盖和阀芯

（1）阀盖与阀体框架上的阀杆螺母应完好无损，旋转灵活，与阀杆梯形螺纹配合能上下轻松自如。阀差磨损不能大于齿厚1/3。与阀体固定螺钉或螺丝应牢固无松动。组装时螺纹应涂上铅油。

（2）阀芯与阀体的接触部位、填料室及其他表面应光滑无冲刷或腐蚀等缺陷，并能将阀芯顺利放入阀体内。

7.6.3 阀杆

（1）阀杆不得弯曲，其弯曲度最大不能超过全长的1/1 000，椭圆度不得大于0.05 mm，表面锈蚀和磨损深度大于等于0.25 mm时应更换，表面光洁度符合要求。与填料接触部位应光滑不得有片状腐蚀及表面脱皮现象。

（2）阀杆梯形螺纹应完好，与螺母配合手动旋转灵活，并涂有铅粉油。

7.6.4　密封填料及压紧装置

(1) 所选用的填料规格、型号应符合阀门管道介质压力稳定的要求。

(2) 填料接口应切成楔形,角度为 45°。各圈接口应错开 90°～180°。填料圈、压盖及压板应完好,无锈蚀。阀杆与填料挡圈间隙为 0.1～0.2 mm,其最大不超过 0.5 mm。填料压盖外壁与填料室间隙为 0.2～0.3 mm,其最大不超过 0.5 mm。

(3) 填料压板拧紧后应保持平正,压盖压紧后所进料室的长度应为全长度的 1/3。

7.6.5　密封面

(1) 阀瓣与阀座密封面不得有可见麻点、沟槽。全圈应光亮,其光洁度为 10 以上。其接触面宽度应为全圈宽度的 2/3 以上。

(2) 阀瓣锥形密封应保持其锥度与阀座一致。阀瓣接触面应在锥面中间为佳。

7.6.9　其他

(1) 阀杆与阀瓣连接的封口垫,需用 1.5～2 mm 厚的铁皮制成且符合封口尺寸,装在连接部件上下板边封死,要做到既牢固又灵活。

(2) 阀体框架上的轴承室要清理干净。轴承内外滚道应光滑无严重磨损及裂纹,其结合面允许有个别麻点,但麻点深度不超过 0.5 mm,麻点直径不大于 0.5 mm,麻点密度不大于 2～3 点/平方厘米。组装时轴承应涂上黄油且配合适宜,转动灵活。

7.7　管路

7.7.1　管道

管子及其他组成件均无泄漏情况发生。

7.7.2　绝热层、防腐层

(1) 管道保温保护层(白铁皮、铝皮、镁钢等)无破损,无严重凹陷、缺损。保温层完好,无破损、脱落等现象。

(2) 管道的表面腐蚀完好无损。防腐油漆无擦伤、脱落等现象。

7.7.3 管道

(1) 管道稳定性良好,无异常振动情况。

(2) 管道位置符合安全技术规范和图纸设计要求。

(3) 管道与管道、管道与相邻设备之间无相互碰撞及摩擦情况。管道不存在挠曲、下沉以及异常变形等现象。

(4) 管道安全等级状况符合制造或验收规范所允许的范围内。

(5) 管道标识完好,标识清晰可辨认。

7.7.4 法兰

(1) 法兰平齐无偏口。紧固件齐全并符合要求,无松动和腐蚀现象。

(2) 法兰面未发生异常翘曲、变形。

8　原煤线设备完好标准

8.1　给煤机

（1）电机温度正常、无杂音。基础螺栓无松动、转动轻盈。

（2）减速机温升正常，无异响、漏油，油位充足。

（3）连接装置破碎机运转正常，无异响、无松动现象。

（4）给煤板磨损不超限；固定可靠、紧固；无松动。

（5）底板活动轮转动灵活；底板轴紧固、牢靠。

（6）内外齿圈完好、齿圈无裂痕，连接紧固、牢靠。

（7）电控系统设备电压、电流正常；各种保护装置可靠；接地良好；各个接线点牢靠、按钮灵活。

8.2　螺旋分级筛

（1）轴承无损坏、转动灵活、温度正常、框架牢固。承底座连接可靠、螺栓无松动、无裂痕。

（2）减速机温升正常，无异响、漏油，油位正常。

（3）传动链条连接处连接可靠。链条完好、无缺损。

（4）分级晒运转正常、无卡轴现象。

（5）混动筛无变形。滑块磨损不超限、转动灵活。

（6）护板挡煤板固定可靠、磨损不超限、无漏煤现象、无变形。

（7）电控系统设备电压、电流正常；各种保护装置可靠；接地良好；各个接线点牢靠、按钮灵活。

8.3 220B 带式输送机

(1) 电机温度正常、无杂音。基础螺栓无松动，转动轻盈，连接处可靠。

(2) 减速机温升正常，无异响和漏油；油位充足。

(3) 胶带接口可靠。胶带无跑偏、卡磨现象；胶带无撕裂、脱层现象。

(4) 托辊完好，无卡阻、不转现象。胶带架子无变形、歪扭。

(5) 张紧装置齐全、有效。滚筒转动灵活。各部轴承转动灵活、无损坏。

(6) 挡煤皮、清扫器完好；其固定牢靠。

(7) 电控系统设备电压、电流正常；各种保护装置可靠；接地良好；各个接线点牢靠、按钮灵活。

8.4 220A 带式输送机

(1) 电机温度正常、无杂音。基础螺栓无松动，转动轻盈，连接处可靠。

(2) 减速机温升正常，无异响、漏油；油位充足。

(3) 胶带接口可靠。胶带无跑偏、卡磨现象；胶带无撕裂、脱层现象。

(4) 托辊完好，无卡阻、不转现象。胶带架子无变形、歪扭。

(5) 张紧装置齐全、有效。滚筒转动灵活。各部轴承转动灵活、无损坏。

(6) 挡煤皮、清扫器完好、固定牢靠。

(7) 逆止器动作正常、可靠。

(8) 电控系统设备电压、电流正常；各种保护装置可靠；接地良好；各个接线点牢靠、按钮灵活。

8.5 203 带式输送机

(1) 电机温度正常、无杂音。基础螺栓无松动，转动轻盈，连接处可靠。

(2) 减速机温升正常，无异响、漏油；油位充足

(3) 胶带接口可靠。胶带无跑偏、卡磨现象；胶带无撕裂、脱层现象。

(4) 托辊完好，无卡阻、不转现象。胶带架子无变形、歪扭。

(5) 张紧装置齐全、有效。滚筒转动灵活。各部轴承转动灵活、无损坏。

(6) 挡煤皮、清扫器完好、固定牢靠。

(7) 逆止器动作正常、可靠。

(8) 设备电压、电流正常;各种保护装置可靠;接地良好;各个接线点牢靠、按钮灵活。

8.6 206带式输送机

(1) 电机温度正常、无杂音。基础螺栓无松动、转动轻盈、连接处可靠。

(2) 减速机温升正常,无异响、漏油;油位充足。

(3) 胶带接口可靠。胶带无跑偏、卡磨现象;胶带无撕裂、脱层现象。

(4) 托辊完好,无卡阻、不转现象。胶带架子无变形、歪扭。

(5) 张紧装置齐全、有效。各部轴承转动灵活、无损坏。

(6) 挡煤皮、清扫器完好、固定牢靠。

(7) 逆止器动作正常、可靠。

(8) 设备电压、电流正常;各种保护装置可靠;接地良好;各个接线点牢靠、按钮灵活。

8.7 207带式输送机

(1) 电机温度正常、无杂音、基础螺栓松动、转动轻盈、连接处可靠。

(2) 减速机温升正常,无异响、漏油;油位充足。

(3) 胶带接口可靠。胶带无跑偏、卡磨现象;胶带无撕裂、脱层现象。

(4) 托辊完好,无卡阻、不转现象。胶带架子无变形、歪扭。

(5) 张紧装置齐全、有效。滚筒转动灵活。各部轴承转动灵活、无损坏。

(6) 挡煤皮、清扫器完好、固定牢靠。

(7) 设备电压、电流正常;各种保护装置可靠;接地良好;各个接线点牢靠、按钮灵活。

(8) 逆止器动作正常、可靠。

8.8 208带式输送机

(1) 电机温度正常、无杂音。基础螺栓无松动,转动轻盈,连接处可靠。

(2) 减速机温升正常,无异响、漏油;油位充足。

(3) 胶带接口可靠。胶带无跑偏、卡磨现象;胶带无撕裂、脱层现象。

(4) 托辊完好,无卡阻、不转现象。胶带架子无变形、歪扭。

（5）张紧装置齐全、有效。滚筒转动灵活。各部轴承转动灵活、无损坏。

（6）挡煤皮、清扫器完好、固定牢靠。

（7）设备电压、电流正常；各种保护装置可靠；接地良好；各个接线点牢靠、按钮灵活。

（8）逆止器动作正常、可靠。

8.9 221、222、223、224 刮板输送机

（1）电机温度正常、无杂音。基础螺栓松动，转动轻盈，连接处可靠。

（2）减速机温升正常，无异响、漏油；油位充足。

（3）刮板输送机链条连接可靠、磨损不超限。

（4）刮板输送机刮板无变形、磨损不超限。

（5）刮板输送机滑道固定牢靠、磨损不超限。

（6）机尾转轴转动灵活、无卡阻现象。

（7）齿轮完好，齿牙无断齿。

（8）设备电压、电流正常；各种保护装置可靠；接地良好；各个接线点牢靠、按钮灵活。

8.10 205 破碎机

（1）电机温度正常、无杂音。基础螺栓松动，转动轻盈，连接处可靠。

（2）减速机温升正常，无异响、漏油；油位正常，

（3）破碎机运转正常，无异响、无卡轴现象，

（4）螺栓齿板连接可靠、紧固，

（5）齿牙磨损不超限、无断齿，

（6）内外齿圈完好、齿圈无裂痕、连接紧固牢靠，

（7）齿轮内缺油、无其他异响，

（8）设备电压、电流正常，各种保护装置可靠；接地良好；各个接线点牢靠、按钮灵活，

9　污水处理站设备完好标准

9.1　固定电气设备

(1) 设备引入(出)线的终端线头应用线鼻子或过渡接头接线。

(2) 导线连接牢固可靠。接头温度不得超过导线温度。

(3) 电气设备的金属外壳的外接地螺栓应齐全完整。

(4) 接地螺栓应进行电镀防锈处理。

(5) 设备表面无积尘、油垢及杂物。

9.2　水泵

(1) 螺母、螺栓、背帽、垫圈、开口销、防罩、放气阀齐全、完整紧固。

(2) 泵体与管路无裂纹,不漏水。泵体与泵房排水管路防腐良好。盘根滴水不成线,盘根箱不过热。

(3) 逆止阀、闸阀、底阀、排气阀齐全、完整、牢固,不滴漏,其操作灵活可靠。

(4) 轴承油圈转动灵活,油质合格,不漏油。滑动轴承温度不超过 65 ℃;滚动轴承温度不超过 75 ℃。

(5) 联轴节端面间隙比轴的最大窜量不大于 2～3 mm,径向位移不大于 0.25 mm,端面倾斜度不大于 1.5‰。

(6) 电动机符合完好标准。启动设备齐全、可靠。接地装置合格。

(7) 设备无油垢。

9.3　絮凝剂加药箱

(1) 絮凝剂加药箱外壳无损坏、无腐蚀生锈;其内部防腐层完整、无缺漏。

(2) 絮凝剂加药箱供水、溢流、排水管路通畅、阀门可靠、无滴漏现象。

(3) 絮凝搅拌机工作正常、连接螺栓紧固。搅拌机叶片无变形、脱落现象。开关按钮操作安全可靠。绝缘接地装置合格可靠。

(4) 计量泵工作正常。泵前、泵后单向阀正常工作。背压阀压力正常。过滤器无堵塞、无漏液现象。

(5) 计量泵流量调节旋钮旋转灵活、无间隙。

(6) 注药管路固定牢固、振动幅度较小、无漏液现象。

9.4 压滤机

9.4.1 支架基础

支架牢固、外观整洁。支架外表无断层、裂纹。

9.4.2 操作系统

(1) 各手柄开关、按钮启动灵敏、定位可靠,其标志齐全、明显。

(2) 自动控制系统安全可靠,其程序运行无错乱。

9.4.3 液压系统

(1) 液压油箱观察孔清晰、标线明确;其表面无腐蚀、无漏液现象。

(2) 高压油管表面无裂纹。连接部件齐全可靠。

(4) 油缸密封、防腐完整,操作灵活,润滑到位。

(5) 溢流阀、换向阀完好,无漏油现象。

9.4.4 滤布与滤板

(1) 滤布完整无破损,干净无堵塞。

(2) 滤布边缘与滤板贴合完整。滤布四周连接线完好。

(3) 滤板完整无破损、无变形。各滤板之间贴合紧密。滤板两侧三脚架、导流管完好。两侧导流管液体流出正常、无堵塞。

9.4.5 轨道拉板小车

(1) 拉板轨道润滑完好,轨道表面无杂物。

(2) 拉板小车前后两个挡板弹性良好,按压后能立即回弹。

(3) 拉板小车手动操作插销完好。

(4) 左右两个拉板小车行动同步、相对位置相同。

9.5　刮泥机

(1) 刮泥机自动、手动运行正常。

(2) 刮泥耙底部刮板无缺损、无脱落。刮泥耙完整无变形。

(3) 刮泥耙提升、降落限位开关工作正常。刮泥机前进、后退行程开关工作正常。

(4) 行走电机、减速机工作正常。导电线桥完整无破损。

(5) 卷扬机、减速机工作正常。中轴连接销齐全、无变形。提耙钢丝绳完好无断丝，提耙时钢丝绳不脱落。

(6) 控制箱防腐完整。锁具齐全。控制面板按钮操作灵活、可靠。标志牌齐全、字迹清晰。

(7) 限位开关箱防雨罩安装正确、固定螺栓无缺失。限位开关固定牢靠。支架防腐层完整。

(8) 刮泥机行进轨道平直无变形。刮泥机在行走过程中不会碰触到池壁。

9.6　电磁流量计、电动蝶阀

(1) 电动蝶阀法兰连接完好，螺栓齐全。

(2) 电动蝶阀阀门开、关时运转平稳，无中间阻塞或卡死。阀体不漏水、不漏气。

(3) 电动蝶阀的实际状态和机械指针、开度表、信号灯相符。

(4) 露天阀门的电动头应有良好的防护装置。

(5) 电动蝶阀设备外壳防腐良好，无锈蚀，无油污。地上无水滴和锈迹。接地良好。

(6) 电动蝶阀手动旋转轮盘无缺失。手动轮盘操作灵活可靠。

(7) 电磁流量计法兰连接完好。螺栓齐全。

(8) 电磁流量计外壳防腐良好，无锈蚀。

(9) 电磁流量计端子箱完好无破损。传感器工作正常。

(10) 电磁流量计转换器固定牢固，数字显示清晰稳定，操作按钮灵敏可靠。

（11）积算仪显示正常，瞬时流量与转换器显示数据相符，数据累积计算正常。

9.7 机械格栅机

（1）机械格栅机外壳防腐良好、无破损、无腐蚀。

（2）机械格栅机电机工作正常，无杂音。

（3）机械格栅机传动链条完整无断裂、无腐蚀，润滑良好。

（4）机械格栅机耙齿左右间距相同，在耙齿转动过程中无摩擦现象。

（5）机械格栅机耙齿无损坏、无缺损，翻转灵活，无缠绕杂物。

（6）机械格栅机两侧防水完整，无漏水现象。

9.8 罗茨鼓风机

（1）零部件完整。

（2）各部连接螺栓、螺母齐全满和、连接牢固、无锈蚀。螺栓丝扣外露1～3扣。

（3）安全防护装置齐全、可靠。

（4）压力表、温度计等装置灵敏准确。

（5）阀门及附属管线安装合理，涂色符合规定。

（6）油路畅通、润滑良好，油质符合规定。

（7）压力、流量平稳。各部件温度正常，电流稳定。

（8）风机运转平稳、无异常振动、杂音等。

（9）机体清洁，油漆完整，无跑冒滴漏现象。

10　主要通风机完好标准

10.1　规程要求

(1) 箕斗提升井或装有带式输送机的井筒兼作风井使用时，应遵守下列规定：箕斗提升井兼作回风井时，井上下装、卸载装置和井塔(架)必须有完善的封闭措施，其漏风率不得超过15%，并应有可靠的防尘措施。

(2) 矿井必须采用机械通风。

(3) 主要通风机的安装和使用应符合下列要求：

① 主要通风机必须安装在地面；装有通风机的井口必须封闭严密，其外部漏风率在无提升设备时不得超过5%，有提升设备时不得超过15%。

② 必须保证主要通风机连续运转。

③ 必须安装2套同等能力的主要通风机装置，其中1套作备用。备用通风机必须能在10 min内开动。在建井期间可安装1套通风机和1部备用电动机。生产矿井现有的2套不同能力的主要通风机，在满足生产要求时，可继续使用。

④ 严禁采用局部通风机或风机群作为主要通风机使用。

⑤ 装有主要通风机的出风井口应安装防爆门，防爆门每6个月检查维修1次。

⑥ 至少每月检查1次主要通风机。改变通风机转数或叶片角度时，必须经矿技术负责人批准。

⑦ 新安装的主要通风机投入使用前，必须进行1次通风机性能测定和试运转工作，以后每5年至少进行1次性能测定。

(4) 生产矿井主要通风机必须装有反风设施，并能在10 min内改变巷道中的风流方向；当风流方向改变后，主要通风机的供给风量不应小于正常供风量的40%。每季度应至少检查1次反风设施，每年应进行1次反风演习；矿井通风系统有较大变化时，应进行1次反风演习。

(5) 严禁主要通风机房兼作他用。主要通风机房内必须安装水柱计、电流表、电压表、轴承温度计等仪表,还必须有直通矿调度室的电话,并有反风操作系统图、司机岗位责任制和操作规程。主要通风机的运转应由专职司机负责,司机应每小时将通风机运转情况记入运转记录簿内;发现异常,立即报告。

(6) 因检修、停电或其他原因停止主要通风机运转时,必须制定停风措施。

(7) 变电所或电厂在停电以前,必须将预计停电时间通知矿调度室。主要通风机停止运转时,受停风影响的地点,必须立即停止工作、切断电源,工作人员先撤到进风巷道中,由值班矿长迅速决定全矿井是否停止生产、工作人员是否全部撤出。

(8) 主要通风机停止运转期间,对由1台主要通风机担负全矿通风的矿井,必须打开井口防爆门和有关风门,利用自然风压通风;对由多台主要通风机联合通风的矿井,必须正确控制风流,防止风流紊乱。

10.2 标准化要求

(1) 正压计、负压计、全压计等检测仪器仪表齐全可靠。

(2) 应有反风设施,抽出式通风应有防爆门。

(3) 电动机保护应齐全、可靠。

(4) 主要通风机轴承、电动机轴承、电动机定子绕组应使用在线监测装置,有温度检测和超温报警功能。

(5) 应装设与矿调度室直通的电话。

(6) 每月应倒机检查1次。

(7) 机房应装设应急照明装置。

(8) 应使用低耗、先进、可靠的电控装置。

10.3 完好标准

10.3.1 机座及壳体

(1) 机座安装在基础上的水平度,纵向度及横向度都不得大于0.02%。

(2) 通风机壳体不得有严重变形、开裂、腐蚀剥落等缺陷。

(3) 两半壳体的结合面或轴穿过壳体部分,应密封严密,不得漏风。

10.3.2　轴

(1) 主轴及传动轴的水平度不大于0.02%。大修时主轴及传动轴应进行无损探伤。

(2) 大修后主轴应符合下列技术要求：

① 圆度、圆柱度及径向圆跳动均不得大于表4-10-1中的规定。

② 键槽歪斜不大于0.07 mm。

表4-10-1　主轴圆度、圆柱度及径向圆跳动　　单位:mm

轴颈直径	50～80	>80～120	<120～180	<180～250
圆度、圆柱度	0.013	0.015	0.018	0.020
径向圆跳动	0.040	0.040	0.050	0.050

(3) 传动轴如用中空管焊接时，应符合下列要求：

① 保证焊接质量，焊缝不得有裂纹、气孔、夹渣或未焊透现象。

② 焊后消除内应力。

③ 应做静平衡校正。

10.3.3　离心式通风机的叶轮及进风口

(1) 叶轮不得有裂纹、与轴配合松动、叶片及前后盘变形、加强筋板或拉杆开焊等缺陷。

(2) 叶片型线与样板间的间隙不应大于2 mm。

(3) 叶轮大修后必须作动平衡校正。

(4) 轮毂与后盘之间的间隙，在连接铆钉或螺栓直径2倍范围内，不大于0.1 mm，其余部位不大于0.3 mm。

(5) 进风口表面型线与样板间的间隙不应大于5 mm，表面不得有明显机械伤痕、变形、裂纹等缺陷。

(6) 叶轮与进风口(如为搭接时)的搭接长度、径向间隙应符合生产厂家技术文件的规定，如无规定时，其搭接长度为叶轮直径的1%；径向间隙为叶轮直径的0.3%，且应均匀。

10.3.4　轴流式通风机叶轮

(1) 叶轮、风叶及导叶不得有下列缺陷：

① 轮毂裂纹或与轴配合松动。

② 叶片变形及腐蚀严重。

③ 叶片裂纹或叶柄秃扣。

(2) 叶片型线与样板间的间隙不应大于 2 mm,叶片外表不得有明显的锤痕。

(3) 采用扭曲叶片的叶轮,若一级叶片与二级叶片不相同时,则应有明显的标志,以便于区分。

(4) 叶片安装角度误差不应大于 0.5°,可用特制的样板检查。

(5) 叶片根部与轮毂的间隙不得大于表 4-10-2 的规定。

(6) 叶片顶部与外壳的间隙应均匀,并符合表 4-10-3 中的规定。

(7) 叶轮大修后单级叶轮应做静平衡校正,两级叶轮应做动平衡校正。

表 4-10-2 叶片根部与轮毂的间隙 单位:mm

叶轮直径	1 200	1 800	2 400	2 800	3 000
叶片根部与轮毂的间隙	2.0	2.5	3.0	3.5	4.0

表 4-10-3 叶片顶部与外壳的间隙 单位:mm

叶轮直径	1 200	1 800	2 400	2 800	3 000
间隙	1～2	2～2.5	3～3.5	3～4	3～6

(8) 更换叶片后,在下列情况下叶轮可不再做动、静平衡校正:

① 同一位置的新旧叶片质量差不大于 100 g。

② 轮毂在安装叶片前,已单独经过动平衡校正,并且新叶片质量差不大于 100 g。

10.3.5 对旋轴流式主要通风机

(1) 通风机在运行过程中,要定期按要求的牌号加入适量的润滑脂。

(2) 打开电动机轴承盖,检查润滑脂,若其变质老化要及时清理、更换新的润滑脂。

(3) 检修电机需认真保护好防爆面和防爆密封罩的各种密封胶垫。

(4) 定期检查通风机锈蚀情况,喷涂防锈漆。按照主要通风机操作规程,进行保养维修。

(5) 定期检查通风机防爆环,不得有变形、锈蚀。

(6) 定期清除叶轮表面积灰,以免造成叶轮振动。

(7) 检查叶片螺栓有无松动、变形。发现个别叶片有损坏时必须更换。更换的叶片必须是由原生产厂家提供且与旧叶片的质量相同。

(8) 叶片重新安装时,叶片必须对号入座。叶片安装角度一致。

(9) 叶顶与机壳间隙均匀。

10.3.6　润滑站

(1) 壳体无严重锈蚀。油管无破损、无漏油。

(2) 油位正常、油压正常。

10.3.7　资料

(1) 应有岗位责任制、操作规程,以及设备包机、交接班、巡回检查、保护试验、设备检修、要害场所管理等制度。

(2) 应有设备技术特征、设备电气系统图、润滑系统图等技术资料。

(3) 应有设备运转、检修、保护试验、管理人员巡查、交接班、事故、外来人员登记等记录。

11 压风机完好标准

11.1 规程要求

(1) 空气压缩机必须有压力表和安全阀。压力表必须定期校准。安全阀和压力调节器必须动作可靠,安全阀动作压力不得超过额定压力的1.1倍。使用油润滑的空气压缩机必须装设断油保护装置或断油信号显示装置。水冷式空气压缩机必须装设断水保护装置或断水信号显示装置。

(2) 空气压缩机的排气温度单缸不得超过190 ℃、双缸不得超过160 ℃。必须装设温度保护装置,在超温时能自动切断电源。

(3) 空气压缩机吸气口必须设置过滤装置。

(4) 空气压缩机必须使用闪点不低于215 ℃的压缩机油。

(5) 空气压缩机的风包,在地面应设在室外阴凉处,在井下应设在空气流畅的地方。在井下,固定式压缩机和风包应分别设置在2个硐室内。风包内的温度应保持在120 ℃以下,并装有超温保护装置,在超温时可自动切断电源和报警。

(6) 风包上必须装有动作可靠的安全阀和放水阀,并有检查孔。必须定期清除风包内的油垢。新安装或检修后的风包,应用1.5倍空气压缩机工作压力做水压试验。在风包出口管路上必须加装释压阀,释压阀的口径不得小于出风管的直径,释放压力应为空气压缩机最高工作压力的1.25～1.4倍。

11.2 标准化要求

(1) 各种保险装置、温度控制、吸气口、油质、风包及管路出口设施应符合《煤矿安全规程》规定。

(2) 水冷压风机水质符合要求,应有可靠断水保护。

(3) 电动机保护应齐全可靠。

(4) 应使用低耗、先进、可靠的电控装置。

(5) 机房应装设应急照明装置。

(6) 压风自救系统应符合相关要求。

(7) 油润滑的空气压缩机油质符合规定,应装设断油保护。

11.3　完好标准

11.3.1　机体

(1) 气缸无裂纹,不漏气。

(2) 排气温度不超过 109 ℃。

(3) 阀室内无积垢和炭化油渣。

(4) 阀片无裂纹,与阀片配合严密。弹簧压力均匀。

11.3.2　冷却系统

(1) 空气过滤器无杂质,不堵塞。

(2) 冷却散热器无灰尘,散热性能良好。

(3) 必须使用专用压缩机油,其闪点不低于 215 ℃。

11.3.3　安全装置与仪表

(1) 压力表、温度计齐全完整,灵活可靠,每年校验一次。

(2) 油分离器、风包必须装有安全阀,安全阀必须灵活可靠,其动作压力不超过使用压力的 10%,每年校验一次。

(3) 在风包主排气管路上应安装释压阀,必须灵活可靠,其动作压力为工作压力的 1.25～1.4 倍。

(4) 压力调节部分灵敏可靠。

(5) 应装有超温和断油保护或断油信号,灵敏可靠。

11.3.4　风包、滤风器与室内管路

(1) 空压机的进出风管和风包每年应清扫一次,每天运行时间短的可适当延长。

(2) 风包要有放水阀。

(3) 滤风器要定期清扫,其间隔不大于 3 个月。

第五篇　管理制度

1 机电设备包机制度

为了强化机电设备管理,保证机电设备正常运转,电气设备完好,消灭失爆,进一步实现机电设备安全运行,特制定如下规定。

(1) 设备包机制实行分工负责,相互制约。包机人员各负其责。设备包机制形式为“人员包机、小组分段、人人负责、留名挂牌”。

(2) 包机人员对所包设备要做到底数清、情况明,做到“三定、四包”,即定人员、定设备、定任务,包使用、包维修、包故障排除、包完好。

(3) 可不定期对设备进行抽查,达不到标准的,按岗位工作标准进行处罚。

(4) 职能部门和有关人员检查出的问题,按包机责任落实到人。

2 重要机械设备检修制度(小修、大修制度)

小修(1 个月):对设备进行局部修理,不拆卸复杂部分,更换或修复少量的易损件;校正精度和排除故障。小修具体包括以下内容:

(1) 更换已磨损的个别零件和填料。

(2) 清洗不需要大拆卸的个别部件。

(3) 更换部分油脂。

(4) 调整窜动量和间隙。

大修(12 个月):更换和修复设备的主零件和其他磨损的零件;保证设备的标准精度,消除事故隐患。大修具体包括以下内容:

(1) 更换成套部件。

(2) 清洗复杂部件和零件。

(3) 更换部分磨损超限的滚动轴承和轴瓦。

3 重要机械设备定期检修制度

提升机定期检修内容和周期：

(1) 紧固主滚筒紧固件(每月)。

(2) 检查炭刷磨损情况，紧固炭刷线、刷架(每月)。

(3) 检查电机冷却风机进风口空气滤料情况(每月)。

(4) 紧固液压站各阀组螺栓(每月)。

(5) 紧固主轴与轴螺栓的连接螺栓(每季度)。

(6) 测定主轴水平和主轴间隙(每年)。

(7) 紧固主轴、电机、减速器地脚螺栓(每年)。

(8) 更换主轴轴承润滑脂(每年)。

(9) 检修高压柜(每年)。

(10) 更换液压站液压油(每年)。

(11) 更换润滑站齿轮油(每年)。

(12) 更换天轮轴承润滑脂(每年)。

(13) 进行提升机电气试验(每年)。

井筒装备及箕斗定期检修内容和周期：

(1) 检查箕斗主连接装置(每周)。

(2) 检查尾绳架(每周)。

(3) 检查罐道及上、下紧固装置(每月)。

(4) 检查罐道梁及罐道座(每月)。

(5) 检修 GHT 型罐笼托罐装置(每半年)。

(6) 检查和紧固防撞梁(每年)。

井底装载设备定期检修内容和周期：

(1) 检查各滚筒注油(每月)。

(2) 检查和紧固定量斗(每月)。

(3) 检查风动、油动阀件(每月)。

(4) 进行减速器检修、清洗、换油(每年)。

天轮装载设备定期检修内容和周期：

(1) 进行天轮轴瓦注油(每周)。

(2) 进行天轮轴承注油(每半年)。

通风机定期检修内容和周期：

(1) 进行通风机轴承换油(稀油站)(每年)。

(2) 进行风门绞车润滑油换油(每年)。

空气压缩机定期检修内容和周期：

(1) 更换冷却润滑油(每 2 年或每 8 000 h)。

(2) 校验安全阀(每年)。

污水处理站设备定期检修内容和周期：

(1) 更换罗茨鼓风机机油(每月)。

(2) 更换压滤机入料泵机油(每季度)。

(3) 更换压滤机滤布(每半年)。

(4) 更换格栅机机油(每半年)。

4　主、副井钢丝绳专门检查制度

主绳检查内容及要求(每天):

(1) 钢丝绳在一个捻距内的断丝面积与钢丝绳总断面积之比:主井,不大于10%;副井,不大于5%。

(2) 钢丝绳直径减小不超过10%。

(3) 钢丝绳不出现锈蚀、点蚀麻坑,不形成沟纹,不出现变黑。

(4) 钢丝绳在运行中遭受到卡罐、突然停车等猛烈拉力时,钢丝绳无损伤且伸长率不超过0.5%。

(5) 平衡液压缸在全行程内能自由伸缩。

尾绳检查内容及要求(每周):

(1) 在一个捻距内的断丝面积和总断面积之比不大于10%。

(2) 钢丝绳不出现锈蚀、点蚀麻坑,不形成沟纹,不出现变黑;外层钢丝绳不松动。

(3) 各部位不出现严重变形和永久弯曲。

5 钢丝绳检查制度

(1) 主提升钢丝绳和尾绳的检查,都必须做好记录,检查结果记入钢丝绳记录簿内。记录必须有检查人签字。检查内容包括断丝情况、直径、锈蚀和其他损伤。

(2) 检查钢丝绳时利用深度指示器确定断丝及其他损伤的部位。

(3) 对已损坏及断丝较多、锈蚀严重、有损坏部分的钢丝绳都要停车进行详细检查。

(4) 对钢丝绳检查除了用肉眼观察外,必要时还要利用钢丝绳探伤仪。检查钢丝绳直径可用 0.02mm 的游标卡尺测量。

(5) 机电矿长每月要查阅一次钢丝绳记录,并签字注明检阅日期。

(6) 动力科根据钢丝绳日检、周检记录每月进行统计与分析,并整理出资料。整理后的技术资料应归档保存待查。

(7) 提升钢丝绳平衡悬挂装置应每周检查液压缸伸出量,以保证各钢丝绳受力平衡。

(8) 钢丝绳平衡装置若有达到尽头的应进行调绳,或对绳槽进行车削。

6　主(副)井提升系统日检、周检、月检制度

提升机是煤矿的大型提升设备。操作及维护人员要经常对在用的提升机进行检查维护保养，对提升机进行动态监测，以便有异常情况随时发现，及时处理，从而保障重型机械安全运行。

(1) 提升机司机负责机房内设备的检修工作。维修工负责井筒、井底、天轮、钢丝绳、尾绳等设备的检修工作。

(2) 日检检修人员不少于3人，周、月检检修人员不少于4人。

(3) 主管副科长为现场安全第一负责人，技术主管为现场第一技术负责人，班组长为检修工作负责人。

(4) 日检：由检修人员负责作业的例行保养项目。其主要内容为清洁卫生，检查各仪表指示是否正常；各转动部位温度是否正常，有无异响；各管路有无渗漏。

(5) 周检：除日检项目外，其主要内容是外观检查；检查各电气参数，电气元件有无损坏，闸间隙、钢丝绳等使用的安全状态，制动器、紧急报警装置的灵敏度、可靠性；通过运行观测传动部件有无异常响声及过热现象。

(6) 月检：除周检项目外，主要检查高压开关柜、主变压器、直流快开、电抗器的温度，螺栓紧固情况，有无放电情况；检查整流柜、继电柜、主控柜、低压柜、操作台、阻容吸收柜内电气元件的工作情况；检查冷却风机电机运行情况，油脂情况，轴承运行温度及噪声，联轴器运行情况；检查液压制动系统油量是否充足，各阀组动作是否灵活可靠；检查电机运行情况并除尘，测试绝缘电阻。

(7) 记录：按要求分别对日、周、月检内容进行记录，参加检修人员一一签字，并确保提升机达到正常运行状态。

7　主井提升机安全保护试验制度

为了确保主井提升机安全保护设施灵敏可靠，保证提升机运行安全，特制定以下规定。

（1）每班进行各级过卷保护试验。

（2）每天对提升机的过放保护、行控过卷保护、提升容器位置指示保护、闸瓦间隙保护、仓位超限保护、减速功能保护、错向（给定）保护进行一次试验。

（3）每周对提升机的超速保护、限速保护、错向（运行）保护、变压器超温、制动油压高、开车油压低、液压站超温、停车残压高、电机超温、闭锁装置、闸试验等进行一次试验。

（4）每月对提升机的过负荷保护、欠压保护进行一次试验。

（5）试验人员进行各种保护装置试验时，应严格按照保护试验操作规程进行试验，确保试验过程中提升设备及人员的安全。

（6）试验过程至少由两人完成，其中一人操作，一人监护。若发生紧急情况，应立即停车，确保提升设备安全。

（7）试验人员必须按照规定时间对安全保护装置进行试验，详细填写试验结果，发现问题应及时汇报处理。

8 副井提升机安全保护试验制度

为了确保副井提升机安全保护设施灵敏可靠,保证提升机运行安全,特制定以下规定。

(1) 每班进行各级过卷保护试验。

(2) 每天对提升机的过放保护、行控过卷保护、提升容器位置指示保护、闸瓦间隙保护、减速功能保护、错向(给定)保护进行一次试验。

(3) 每周对提升机的超速保护、限速保护、错向(运行)保护、变压器超温、制动油压高、开车油压低、液压站超温、停车残压高、电机超温、闭锁装置、闸试验等进行一次试验。

(4) 每月对提升机的过负荷保护、欠压保护进行一次试验。

(5) 试验人员进行各种保护装置试验时,应严格按照保护试验操作规程进行试验,确保试验过程中提升设备及人员的安全。

(6) 试验过程至少由两人完成,其中一人操作,一人监护。若发生紧急情况,应立即停车,确保提升设备安全。

(7) 试验人员必须按照规定时间对安全保护装置进行试验,详细填写试验结果,发现问题应及时汇报处理。

9 主、副井提升机油脂管理制度

（1）按各种机电设备使用说明书要求，选用符合要求的油脂，不准随意替换油脂。

（2）不同油品、不同生产厂和不同牌号的油不准混用。

（3）添油和换油要用专桶、专用油抽子或油泵，且由专人负责。

（4）换下的旧油要全部回收，并及时交给机电科。

（5）新油在更换前必须经相关检验部门检验，合格后方可使用。

（6）齿轮油及液压油在使用6个月后取样进行化验，或其有指标变化值较大，应在3个月后再取样进行监测；若其不合格，应立即进行更换。

（7）更换下的旧油要及时回收，严禁丢失乱放。

（8）各设备油脂型号及更换周期如表5-9-1所示。

表5-9-1 各设备油脂型号及更换周期

项目	品种牌号	注油量	更换周期
主滚筒轴承	SKFLGWA2	1/3～2/3	一年
减速器	220号中负荷齿轮油	见标尺	一年
液压站	46号抗磨液压油	见标尺	一年
冷却风机轴承箱	220号中负荷齿轮油	见标尺	一年

10　起重机械设备安全管理制度

（1）起重机械设备使用必须坚持“安全第一，预防为主”的方针。任何单位和个人不得违章指挥、违章使用、违章操作起重机械设备。

（2）起重机械设备性能应良好，不允许出现带病工作，起重作业时严禁超载。

（3）起重机械必须取得起重机械安全技术监督检验合格证。

（4）操作人员懂得机械性能，并经培训合格后持证上岗。

（5）起重机械设备作业时，所有人员严禁在起重臂和吊起的重物下停留。

（6）起重机械设备所用的钢丝绳、吊具、安全保护等装置要认真检查，不合格者严禁使用。

（7）指挥人员必须集中精力，发现工作条件不符合有关规定，不得进行作业。

（8）起吊物件应速度均匀，禁止突然制动和更换方向。

（9）注意保养机械设备，定期进行检查。

11 主要通风机风叶调整及定期倒机制度

为了保证矿井安全通风，使主要通风机处于良好的运转状态，要加强对主要通风机的维修。保证备用通风机时时处于完好状态，应严格执行风叶调整和定期倒机制度。

(1) 风叶调整制度：主要通风机的风叶调整，由通风区根据风量要求，计算出风叶调整量，提出风叶调整角度，经矿总工程师批准后方可进行，同时将风叶调整资料保存。

(2) 定期倒机制度：每台风机连续运行 750 h，应倒换运行备用通风机，两台通风机应互为备用，按时倒机，特殊情况经总工程师批准后，方可延期和提前倒机，但连续运行时间最多不能大于 2 000 h。

12　主要通风机保护试验制度

（1）保护试验每月进行一次，并留有记录。

（2）保护试验包括：主要通风机轴承温度保护试验、电动机轴承温度保护试验。

（3）试验方法：设定报警温度值低于当前轴承温度值，观察是否报警。

13 主要通风机设备维修制度

为了做好主要通风机的检修工作，使主要通风机经常保持完好状态，保证主要通风机的安全运行，特制定本制度。

维修工应根据实际情况要求进行日常检修及定期检修。

维修工根据日常检修发现的问题，以及根据司机汇报的情况进行检修，或进行预防性维修。日常检修项目及内容包括：

(1) 检查各风门是否严密，有无严重锈蚀及变形，有无严重漏风。

(2) 检查风门绞车是否操作灵活、完整可靠。

(3) 检查钢丝绳是否涂油，是否有锈蚀、变形和开裂。

(4) 检查机壳有无严重锈蚀、变形及开裂。

(5) 检查流线体有无严重锈蚀、变形及开裂。

(6) 检查风叶和导叶有无明显损伤或严重缺陷。

(7) 检查联轴器和传动轴是否完好。

(8) 检查轴承声音是否正常、润滑是否良好。

维修工每月要对主要通风机进行一次全面检修。月度检修内容除包括日常检修内容外，还包括其他遗留问题的处理。月度检修应根据实际情况进行如下项目检修。

(1) 叶片角度的检查。

(2) 弹性联轴器的检查。

(3) 其他部位的加固。

14 主要通风机设备维修制度

（1）值班人员经常维护保养设备，认真执行设备的“十字”作业法，即“清洁、润滑、紧固、调整、防腐”，保证设备正常运行，同时必须及时详细填写维护保养记录。

（2）设备在运行中发生影响安全操作的故障时，应采取相应的检修措施，并通知上级，严禁设备带病运行。

（3）设备大修计划，首先应由运行人员根据设备运行的时间和情况提出，由主管设备的领导和技术人员共同制定并明确检修保养的项目、方法、时间和责任者。

（4）检修人员必须认真执行检修计划，并根据设备的停运时间采取有效的保养措施。

（5）检修时间根据设备的运行记录确定，不得随意缩短或延长时间，保证设备正常运行。

（6）设备检修在正常情况下每半年检修一次，一般在五月至九月进行检修。

（7）设备按各级保养期保养，各级保养对号入座，设备保养后的功率和技术性能必须达到规定要求。

15　主要通风机、压风机油脂管理制度

（1）机房油脂，由司机负责保管。

（2）油库要保持清洁卫生，严禁存放棉丝等易燃物品。各种牌号的润滑油要注明牌号，以免用错。

（3）对新领来的润滑油在使用前要化验；对使用中的润滑油要定期化验，不合格的要及时更换，做好主要通风机、压风机的润滑工作。

（4）在为主要通风机、压风机注油时，一定要核对牌号，严禁注错油。

（5）对更换的旧油要回收，严谨乱丢乱放。

16　压风机及压力容器保护试验制度

（1）保护试验每月进行一次，并要留有记录。

（2）保护试验包括：安全阀超压动作试验、空压机超温保护试验、断油保护及风包超温保护试验。

（3）安全阀设定动作压力为机组排气压力的1.1倍。超过该压力时，观察安全阀是否动作。

（4）断开风扇电机，观察测试超温保护是否动作。

（5）启动机组，加载运行一段时间，再停机，观察断油阀继电器是否动作、是否有回油。

（6）设定风包报警仪报警上限。低于当前温度时，观察该报警仪是否报警。

17 压风机设备检修制度

（1）压风机检修执行日巡回检查、月检、季检制度。

（2）每月清洗压风机冷却器、油水分离器、油滤，检查电缆，清洁空滤，并检查交流接触器触头。

（3）每季视设备运行情况及运行时间对主电机、风机电机、最小压力阀、传感器进行检查，对需要更换的油滤、空滤、冷却剂等进行更换。

（4）需将零部件拆下检修时必须停机，断高压，确保压风机已冷却。

（5）每年对安全阀进行校验。

18　电气设备定期检修制度

（1）矿井所有电气设备必须定期进行维护检查，维护人员必须是持有合格电工证的专业电工。

（2）矿井维修电工为了做好工作，应当熟记以下四十字诀：牢记系统，熟悉本岗；科学巡视，保持整洁；观察状态，比较变化；注意声音，掌握温度；环境变化，措施跟上。

（3）高压开关柜：每日间隔2h检查一次，记录负荷；每年进行一次全面检修，除尘紧固，开关触头涂抹导电膏。

（4）防爆开关日检内容：检查地线状态，拧紧接地螺栓，检查进线嘴、接线盒等螺栓的松紧，密封圈是否合适，垫圈是否失效，闭锁装置是否完整、可靠。

（5）移动变电站：每年对移变主体和高压头进行一次开盖检修，内容包括紧固所有螺丝，用四氯化碳擦拭接头部分，清扫内部灰尘，检查瓷套管是否清洁、有无裂纹和放电痕迹，检查机械机构的灵活性，防爆面抹一遍凡士林。

（6）井下电缆：固定敷设电缆每周由专职电工检查外部和悬挂情况一次，每季度对电缆电阻摇测一次。

（7）接地电阻每季度测定一次。

（8）所有电气设备表面应经常清扫，保持散热良好。

（9）电工检查维护电气设备时应当严格按照制度进行，做到仔细、认真。

19 电气试验制度

（1）按照《煤矿安全规程》规定，井下低压馈电线上，必须装设检漏保护装置或者有选择性的漏电保护装置，保证自动切换漏电的馈电线路正常。

（2）每天必须对低压漏电保护进行一次跳闸试验。发现检漏装置有故障或网络绝缘性能降低时，应立即停电处理；修复后方可送电，检漏装置应灵敏可靠，严禁甩掉不用。

（3）井下所有高压开关、高压电机和高压电缆每年须进行一次春季预防性试验。

（4）井下绝缘用具每年须进行一次试验。

（5）配电系统继电保护在供电负荷变化时应当及时整定。

（6）进行电气试验工作不应少于两人，试验负责人在试验前应详细向全体参加试验人员贯彻试验安全措施，被试验设备部位和试验程序。

（7）电气试验期间，试验人员不许随便换人，以保证试验结果的准确性，试验人员要认真填写试验记录。

（8）设备在试验期间若发现重大隐患，试验人员应及时向动力科及相关单位主管人员汇报，设备隐患排除后，应重新试验至合格为止。

20　工作票、操作票制度

(1) 凡在电气设备上进行工作的，必须填写工作票。

(2) 工作票分为第一种工作票和第二种工作票。凡在高压设备上或在其他电气回路上工作需要将高压设备停电或装设遮拦的，均应填写第一种工作票。进行带电作业的，在高压设备外壳和在带电线路杆塔上工作的，在运行中的配电变压器台架上工作的和其他电气回路上工作的，在运行中的配电变压器台架上的工作和在其他电气回路上工作但不需要将高压设备停电的，则填用第二种工作票。

(3) 填写工作票，应根据系统情况和工作内容，认真考虑安全措施。

(4) 工作票用钢笔、水笔或圆珠笔填写一式两份，应正确清楚，不得任意涂改，在工作票上，签发人、收票人、工作负责人、许可人必须签全名。

(5) 必须在工作内容和工作地点栏内填写双重名称，即设备编号和用途名称。

(6) 安全措施应由签发人或工作负责人填写。下列情况时，安全措施必须填写：

① 检修的设备或停电系统按安规要求必须拉开的开关和刀闸；

② 应装接地线(或接地闸刀)地点；

③ 应设遮拦、应挂标示牌地点。

(7) 工作票必须有工作票签发人签发，签发工作票应一式两份。其中一份交负责人保存，作为进行工作的凭证。对变电站电气部分的检修，另一张工作票应由值班员手执，按值班次序移交，作为许可工作的书面依据。对线路检修工作，另一张工作票应始终在工作现场，由工作负责人保存。工作许可人应将工作票编号、工作任务、许可和终结时间记入登记簿。

(8) 第一种工作票应在工作前一日送交运行人员，并由相关技术负责人员及当日值班签字确认。第二种工作票可在工作开始当天直接交给运行人员。

(9) 需要变更工作负责人时，应由工作票签发人(审核人)将变动情况记录在工作票上。

(10) 工作票上人员要求：

① 工作票签发人由熟悉人员技术水平、熟悉设备情况、熟悉安全规程，并具有相关工作经验的主管副科长或电气技术员担任。工作票签发人可以担任工作负责人，但一张工作票上，签发人不可同时担任工作负责人。

② 工作负责人应由班组长、外来试验技术负责人或负责具体工作的组长担任，并向工作班组人员贯彻安全技术措施。

③ 工作许可人一般应由运行班长或主值班人员等担任。

(11) 需要变更工作班组人员时，需经工作负责人同意，对新工作人员进行安全交底后方可工作。需变更工作负责人应经工作票签发人同意并告知工作许可人，工作许可人将变动情况记录在工作票上，工作负责人只允许变更一次。原、现工作负责人对工作任务和安全措施进行交接。

(12) 工作票延期需办理延期手续，应在尚未结束前由工作负责人向运行值班人提出申请，由工作许可人同意后给予办理，只允许延期一次。

(13) 工作许可人完成现场安全措施后，同工作负责人到现场再次检查安全措施，对具体的设备指明实际的隔离措施，证明检修设备无电，对工作负责人指明带电设备的位置及注意事项，并共同在工作票上签名确认，开始工作。

(14) 在未办理工作票终结手续前，任何人员不得将设备送电合闸。

(15) 工作完毕，工作班应清扫、整理现场。工作负责人应周密检查，待全体人员撤离电网，向运行人员交代所修项目、发现问题、确认设备完好后，与运行人员共同进行全面检查，无误后在工作票上填明结束时间，并签字；由运行人员拆除临时遮拦、接地线和标示牌，恢复常设遮拦，具备送电条件，并向调度室汇报后送电。

(16) 当设备在运行中发生故障或严重缺陷要紧急事故抢修时，可不使用工作票，但应认真履行许可手续和做好安全措施，并记入记录簿。

(17) 操作票由操作人根据停送电联系票或工作票的工作要求填写，填写前操作人应了解本所设备的运行方式和运行状态及本次操作的目的和操作顺序，有疑问时应询问清楚，无误后执行。操作票在执行过程中不得颠倒顺序，也不能增减步骤、跳步、隔步，如需改变应重新填写操作票，并在作废的操作票备注中盖“作废”章或写明“作废”字样。每执行完一步操作后，应在该项后面执行栏划“√”。操作完成盖“以下空白”章。

(18) 工作完毕的工作票应盖“已执行”字样的图章，并保存一年。

21 主排水泵维护检修制度

为了搞好主排水泵的检修工作，使主排水泵经常保持完好状态，以保证主排水泵的安全运行，特制定本制度。

维修工应根据实际情况及要求进行日常检修及定期检修。

维修工应根据日常检修发现的问题，以及根据泵工汇报的情况进行检修或进行预防性维修。日常检修项目及标准如下。

(1) 轴承：运行良好，润滑良好，温度不超过 75 ℃。

(2) 联轴器：轴销胶固完好，端面总间隙为 6～8 mm。

(3) 射流系统：完好、可靠，能在 5 min 内灌满水泵。

(4) 水泵窜量：在 1～6 mm 之间。

(5) 仪表：指示准确，校验有效期为 1 年。

(6) 管路及阀门：完好不漏水，经常防腐。

(7) 连接件：紧固，涂油防腐。

当主排水泵累计运行 1 000 h 后，维修工应进行定期检修；或根据实际情况，维修工应进行大修或更换。

22 胶带保护试验制度

（1）对于煤位报警、跑偏报警、超温、撕裂报警、断带、重锤落地保护、防逆转装置和制动装置在中班时进行试验。

（2）每周进行一次清洗检修并做试验。

（3）如果不能停车试验，可以不试验，但在检修班必须检查试验一次。

（4）对具有漏电、欠压、过流、断相等保护功能的设备及照明综保，检修班必须进行一次检查试验。

（5）每次检查的结果，机头岗位工要认真填写记录。

23 主提升机司机巡回检查制度

巡检时间：每班班中由副司机每间隔1 h对运转设备进行巡回检查，测量温度时必须使用仪器进行测量。

巡检内容包括：

(1) 检查操作台励磁电流、电机温度、闸电流、工作压力指示是否正确，信号显示是否准确。

(2) 检查低压电压是否正常，尤其是不间断电源、整流柜风机运转时候低压电压是否正常。

(3) 检查各高压柜电压、电流显示是否正常。

(4) 检查主电机声音是否正常，有无电刷火花及振动现象。

(5) 检查主轴承温度是否正常，制动盘有无油迹，闸间隙大小是否合适。

(6) 检查液压站压力、油温是否正常，各管路及其阀门有无漏油。

(7) 检查风机电机及轴承箱温度是否正常，有无异响。

(8) 检查主变压器温度是否正常。

(9) 检查快开及电抗温升是否正常，接线处有无火花放电现象。

巡检记录：对于巡回检查过程中发现的问题，请在“提升机运行日志及巡回检查记录”中详细注明，并立即解决。

24 井下泵房巡回检查制度

井下中央泵房是井下主要排水设备运行的重要机电硐室，担负着矿井下向地面排水的任务。为保证井下中央泵房正常安全运行，实时掌握井下中央泵房运行过程中各附属设备的运行状况，特制定本制度。

巡检时间：每班中由操作人员间隔 2 h 对管辖范围内的设备进行巡回检查，必要时使用仪器进行测量。

巡检内容包括：

(1) 检查各电压表、电流表、压力表等指示是否正确。

(2) 检查各运转部位有无异响、异味。

(3) 检查各运转部位温度有无异常。

(4) 检查信号监测装置是否异常。

(5) 检查控制柜有无异常，各种显示是否正常。

巡检记录：对于巡回检查过程中发现的问题，应在记录中详细注明，并当场解决；当班不能解决的，在不影响正常安全供电排水的情况下，向领导汇报。

25　压风机司机巡回检查制度

压风机是为矿井生产提供主要风动力源的大型机电设备。为保证压风机正常安全运行，实时掌握压风机运行过程中各附属设备的运行情况，特制定本制度。

巡检时间：每班中由操作人员间隔 2 h 对所管范围内的设备进行巡回检查，检查运行过程中的各项参数变化，必要时使用仪器进行测量。

巡检内容包括：

(1) 检查各电压表、电流表、压力表等指示是否正确。

(2) 检查各项运转部位有无异响、异响。

(3) 检查各项运转部位和高温部位有无异常。

(4) 检查信号检测装置是否正常。

(5) 检查控制系统有无异响，各种显示是否正常。

巡检记录：对于巡回检查过程中发现的问题和设备运行的各项指标，在记录中详细注明，并当场解决；当班不能解决的，在不影响正常安全供电提升的情况下，向领导汇报。

巡检路线：集控室→5# 机组→4# 机组→3# 机组→2# 机组→1# 机组→1# 风包→2# 风包→3# 风包→4# 风包→5# 风包→集控室。

26　主要通风机司机巡回检查制度

为了保证主要通风机的运转安全，主要通风机司机应每小时对运转中的通风机检查一次，并做好记录。

巡检内容包括：

(1) 电机电流、电压、运行温度。

(2) 电机及风机轴承温度是否在正常范围。

(3) 水柱计是否指示在正常范围。

(4) 各风门是否严密，变形及锈蚀是否严重。

(5) 传动轴是否有裂纹、损伤和振动较大现象。

(6) 风门绞车是否操作灵活、部件齐全、润滑良好，钢丝绳是否磨损、有无断丝及严重锈蚀。

(7) 防爆门是否严密不漏风，是否严重变形及锈蚀。

(8) 通风机外壳有无严重锈蚀变形或强烈振动。

(9) 联轴器是否部件齐全完好。

(10) 稀油站油温、压力是否正常。

(11) 其他部件有无异常。

巡检中发现的问题要立即处理，司机不能处理的要汇报给科调度，由科调度通知机修工进行处理。

检修顺序：操作台→低压柜→高压柜→风门绞车→电动机→风门→风机→稀油站→操作台。

27　35 kV 变电所巡回检查制度

巡检时间:每班中由操作人员间隔 2 h 对管辖范围内的设备进行巡回检查,必要时使用仪器进行测量。

(1) 高低压配电装置运行检查

① 各种仪表、信号装置(信号灯、分、合指示牌)指示是否正常,继电保护装置是否动作。

② 开关柜装置有无异常响声、异味。

③ 二次回路有无接地和脱离电源,变流器二次回路有无开路。

④ 各部瓷件有无裂纹、破损、松动,其表面有无赃物、放电现象。

⑤ 各部接点是否接触紧密,有无发热现象,各部元件温度是否过高。

⑥ 刀开关刃口接触是否严密。

⑦ 接地线有无腐蚀、折断,接触是否良好。

⑧ 高压开关柜的各项参数(电压、电流、断流容量)是否在额定允许范围之内。

⑨ 各连接点温度是否超过 70 ℃。

⑩ 各元件声音是否正常,瓷件有无闪络放电现象。

(2) 变压器运行检查

变压器要定期巡视,以便及时发现存在的故障:

① 变压器油位是否正常,有无渗油和漏油的现象。

② 在过负荷的情况下,油温和油位是否正常,上层油温最高是否超过 95 ℃。

③ 变压器运行是否正常(一般正常运行变压器的声音为嗡嗡声),有无噼啪声或放电声。

④ 在雷雨天气中,检查变压器高低压套管是否有放电闪络现象,以及避雷器的动作情况。

⑤ 检查变压器是否倾斜,接地线是否完好。

⑥ 电压表和电流表的指示是否正常。

⑦ 呼吸器是否畅通，油封呼吸器的油位是否正常，呼吸器中的硅胶是否已吸潮饱和。

⑧ 一年对变压器油做一次油质化验，不合格立即更换。

(3) 母线运行检查

① 母线及其连接点在通过其允许的电流时，温度是否超过 70 ℃。

② 母线的在支持绝缘子及套管是否清洁，有无裂纹及放电现象。

③ 检查所有连接点的示温片是否熔化，特别是铜铝接头应严格检查。

④ 检查母线连接处有无松动、脱落现象。

(4) 补偿站运行检查

① 检查电容器室内温度是否超过 35 ℃，电容器外壳是否超过 55 ℃。

② 每小时观察一次，母线电压是否平衡，最高不超过 6.9kV；三相电流是否平衡，总进线电流等于各组补偿电流之和。

③ 在巡视电容器时，如发现下列情况之一，应将电容器从系统中切除，并汇报有关人员：(a) 电容器外壳膨胀、漏油，爆炸等。(b) 电容器接头过热熔化。(c) 电容器外壳达 55 ℃。(d) 瓷套管发生严重放电闪烁。(e) 电容器有不正常的响声或火花。

(5) 直流屏运行检查

由于直流屏在电力系统中的特殊性和重要性，在正常运行的情况下，直流屏不能停电进行检修，因此平时只能加强对仪器仪表的巡检工作。

28　井下中央变电所巡回检查制度

井下中央变电所是为井下提供电力保障的重要机电硐室，担负着矿井下所有机电设备的供电任务。为保证井下中央变电所正常安全运行，时时掌握井下中央变电所运行过程中各附属设备的运行状况，特制定本制度。

巡检时间：每班中由值班人员间隔 2 h 对所管范围内的设备进行巡回检查。

检查设备及项目包括：

(1) 所内电气设备是否运行正常。

(2) 所内电气设备的防爆性能。

(3) 各部位有无异响、异味。

(4) 各部位温度是否异常。

(5) 各台设备的螺栓、垫圈、平垫、托架是否完好。

(6) 各设备进出线电缆有无损坏及温度过高现象。

(7) 接地保护的完整性。

(8) 安全设施、防火设施是否齐全可靠。

(9) 所内照明及设备卫生情况。

巡检记录：对于巡回检查过程中发现的问题，应在记录中详细注明，并当场解决；当班不能解决的，在不影响正常安全供电的情况下，向领导汇报。

29 无人值守采区变电所巡回检查制度

采区配电点是为井下提供电力保障的重要机电硐室，担负着井下采区及周边区域机电设备的供电任务。为保证采区配电点正常安全运行，时时掌握采区配电点运行过程中各附属设备的运行状况，特制定本制度。

巡检时间：每周由专职电工对所管范围内的设备进行巡回检查。

检查设备及项目包括：

(1) 所内电气设备是否运行正常。

(2) 所内电气设备的防爆性能是否完好。

(3) 各部位有无异响、异味。

(4) 各部位温度是否异常。

(5) 各台设备的螺栓、垫圈、平垫、托架是否完好。

(6) 各设备进出线电缆有无损坏及温度过高现象。

(7) 接地保护是否完整。

(8) 安全设施、防火设施是否齐全可靠。

(9) 硐室内电缆吊挂是否符合要求。

(10) 所内照明及设备卫生情况是否符合要求。

巡检记录：对于巡回检查过程中发现的问题，应在记录中详细注明，并当场解决；当班不能解决的，在不影响正常安全供电的情况下，向领导汇报。

30 有人值守采区变电所巡回检查制度

采区配电点是为井下提供电力保障的重要机电硐室，担负着井下采区及周边区域机电设备的供电任务。为保证采区配电点正常安全运行，时时掌握采区配电点运行过程中各附属设备的运行状况，特制定本制度。

巡检时间：每班由值班人员间隔 2 h 对所管范围内的设备进行巡回检查。

检查设备及项目包括：

(1) 所内电气设备是否运行正常。

(2) 所内电气设备的防爆性能是否完好。

(3) 各部位有无异响、异味。

(4) 各部位温度是否异常。

(5) 各台设备的螺栓、垫圈、平垫、托架是否完好。

(6) 各设备进出线电缆有无损坏及温度过高现象。

(7) 接地保护是否完整。

(8) 安全设施、防火设施是否齐全可靠。

(9) 硐室内电缆吊挂是否符合要求。

(10) 所内照明及设备卫生情况是否符合要求。

巡检记录：对于巡回检查过程中发现的问题，应在记录中详细注明，并当场解决；当班不能解决的，在不影响正常安全供电的情况下，向领导汇报。

31 污水处理站巡回检查制度

为掌握污水处理设施设备的运行情况，及时发现隐患，预防事故的发生，污水处理工在系统运行过程中按工艺流程每 2 h 观察一次污水处理设施设备的运行状况和污水的处理效果，发现异常及时处理。

巡视路线：

(1) 矿井水：预沉调节池→提升泵进水口→提升泵→加药设备→澄清池、滤池→集水池→煤泥池→压滤车间。

(2) 生活水：污水泵房→消毒间→加药间→综合间→排泥管廊→压滤车间→SBOT 生化池。

巡视内容和要求：

(1) 预沉调节池：观察进水水质情况，包括表面漂浮的杂物并及时清除。

(2) 提升泵进水口：主要清理进水口杂物，防止堵塞。

(3) 提升泵：注意观察提升泵的运行状态。

(4) 加药设备：注意搅拌机、计量泵运行情况，管路是否漏水、加药箱液位等。

(5) 澄清池、滤池：注意观察斜管上方清水区水质是否清澈，观察滤池反冲洗情况等。

(6) 集水池：观察池内液位，定期、及时使集水池内的污水回流到调节池再进行处理。

(7) 煤泥池：观察池内液位，将煤泥水通过压滤系统进行压滤。

(8) 污水泵房：观察集水池液位、观察集水池水面是否有漂浮物并及时清捞。

(9) 消毒间：查看消毒间内的转药泵、加药泵是否在工作状态，保证消毒药剂的充足。

(10) 压滤车间：观察进泥泵的工作状况，要保持压滤车间各种设施、仪表、阀门、栏杆、走道板干净卫生。

(11) SBOT 生化池：观察生化池水面是否有漂浮物并及时清捞。观察生化池曝气情况，曝气要均匀。

（12）每次巡回检查后，检查人员需将发现的问题记录，如果没有发现问题则记录实时的水质数据。

32 原煤线设备巡回检查制度

原煤线运转工必须对各自所辖范围内的机械、电气设备进行巡回检查。原煤线检查每班不低于4次，并填写纪录。

（1）检查各设备的电动机、减速机、电动滚筒、轮、逆止器等运转设备声音、温度进行检查。

（2）检查各部轴承温度、油位情况。

（3）检查各部位螺丝是否有松动现象。

（4）检查给煤机托轮是否转动灵活，曲柄连杆机构运动是否正常，以及给煤嘴情况。

（5）检查分级筛是否有杂物、是否卡阻，轴座是否完好。

（6）检查破碎机运行声音，齿板是否牢固，齿牙磨损情况，轴承润滑系统情况。

（7）检查振动式给料机弹簧、给料板、挡煤板情况。

（8）检查刮板输送机链条、刮板情况。

（9）检查液压系统压力是否正常，管路等处是否漏油。

（10）检查各种保护是否动作灵敏、可靠、完好。

（11）检查拉紧装置是否灵活。

（12）检查何处有损坏的托辊。

（13）检查胶带是否跑偏，是否磨损机架。

（14）检查各清扫器是否使用可靠。

（15）检查文明生产情况，以及何处有积煤。